当下的力量

THE POWER OF NOW
A Guide to Spiritual Enlightenment

白金版

[德] 埃克哈特·托利 Eckhart Tolle 著

张德芬 审校　曹植 译

中信出版集团·CHINA CITIC PRESS·北京

图书在版编目（CIP）数据

当下的力量. 白金版 /（德）托利著；曹植译. --4 版. -- 北京：中信出版社，2016.6（2025.11重印）
书名原文：The Power of Now
ISBN 978-7-5086-6176-6

Ⅰ. ①当… Ⅱ. ①托… ②曹… Ⅲ. ①人生哲学 – 通俗读物 Ⅳ. ① B821-49

中国版本图书馆 CIP 数据核字（2016）第 089007 号

THE POWER OF NOW by Eckhart Tolle
Copyright © 1997 by Eckhart Tolle
Original English language publication 1997 by Namaste Publishing, Inc.
Vancouver, B.C. Canada
Revised English language edition published 1999 by New World Library in California, USA.
Simplified Chinese translation edition © 2016 by CITIC Press Corporation
ALL RIGHTS RESERVED.
本书仅限中国大陆地区发行销售

当下的力量（白金版）

著　　者：[德] 埃克哈特·托利
译　　者：曹　植
审　　校：张德芬
出版发行：中信出版集团股份有限公司
　　　　　（北京市朝阳区东三环北路 27 号嘉铭中心　邮编 100020）
承　印　者：中煤（北京）印务有限公司

开　　本：880mm×1230mm　1/32　　印　张：9　　字　数：120 千字
版　　次：2016 年 6 月第 4 版　　　　印　次：2025 年 11 月第 87 次印刷
京权图字：01-2013-3989
书　　号：ISBN 978-7-5086-6176-6
定　　价：59.00 元

版权所有·侵权必究
如有印刷、装订问题，本公司负责调换。
服务热线：400-600-8099
投稿邮箱：author@citicpub.com

你生存在这个世界就是要使宇宙的神圣目标得以实现。你看,你是多么重要!

——埃克哈特·托利

目录

导　读　活在当下　IX
序　言　XV
前　言　XIX

第一章
你不等于你的大脑

开悟的最大障碍 / 003
从你的大脑中解放出来 / 010
超越你的思维 / 014
情绪：身体对思维的反应 / 018

第二章
意识：摆脱痛苦的途径

别在当下制造更多的痛苦 / 029
瓦解你的痛苦之身 / 032
小我对痛苦之身的认同 / 039
恐惧的起源 / 040
小我对圆满的追寻 / 044

第三章 深深地进入当下

别在思维中寻找你自己 / 049

终结时间的幻象 / 051

任何事物都不能存在于当下时刻之外 / 052

进入灵性殿堂的关键 / 054

汲取当下的力量 / 055

摆脱心理时间 / 059

消极心态和痛苦根植于时间之中 / 062

在生活情境中寻找你的生命 / 064

所有的问题都是思维的幻象 / 067

意识演化过程中的重大跃进 / 070

本体的喜悦 / 071

第四章 思维逃避当下的策略

丧失当下时刻：幻象的核心 / 077

一般的无意识和深层的无意识 / 079

他们在寻找什么 / 082

瓦解一般的无意识状态 / 083

从不快乐中解脱 / 084

无论身处何地，全然地安于当下 / 089

你生命旅程的内在目的 / 096

过去无法在你的临在里生存 / 098

第五章 临在状态

临在不是你所想的那样 / 103

"等待"的奥秘 / 105

美好源自你临在的定静之中 / 106

纯意识的实现 / 109

救世主：你神圣临在的现实 / 114

第六章 内在身体

- 本体是你最深刻的自我 / 121
- 超越字面的含义 / 122
- 找出你无形的和不可摧毁的本质 / 124
- 与内在身体联结 / 126
- 通过身体进行转化 / 128
- 有关身体的训诫 / 130
- 在体内深处扎根 / 131
- 进入内在身体之前,请宽恕 / 134
- 你与未显化状态之间的联系 / 136
- 减缓衰老的过程 / 138
- 加强你的免疫系统 / 139
- 让呼吸带你进入内在身体 / 141
- 创造性地使用你的大脑 / 142
- 倾听的艺术 / 143

第七章 进入未显化状态的大门

- 深深地进入你的体内 / 147
- 气的源头 / 149
- 无梦睡眠 / 151
- 其他的大门 / 152
- 寂静 / 154
- 空间 / 156
- 空间和时间的真正本质 / 159

第八章 开悟的爱情关系

- 随处进入当下 / 165
- 爱与恨的关系 / 168
- 沉溺上瘾和追寻圆满 / 170
- 从上瘾到开悟的爱情关系 / 174
- 在爱情关系中灵修 / 177
- 为什么女人更容易开悟 / 186
- 瓦解女性的集体痛苦之身 / 188
- 放弃和你自己的关系 / 194

第九章
超越幸福和不幸

超越好和坏的至善 / 201
生命戏剧的终结 / 204
生命的无常和循环 / 207
利用和放弃消极心态 / 213
慈悲的本质 / 220
一个不同层次的现实 / 223

第十章
臣服的意义

接受当下时刻 / 233
从思维能量到灵性能量 / 239
在个人关系中臣服 / 241
将疾病转化成开悟 / 246
当灾难降临 / 248
将痛苦转变成平安 / 250
受苦之路 / 253
选择的力量 / 256

活在当下

张德芬

这是一本不能用大脑读的书,这也是一本百读不厌的书。每一次读它,我都有新的收获。我在台湾出版的畅销书《遇见未知的自己》当中,一再提到、引申这本书里的内容。这本书被形容为"灵性开悟的指引之书",可对我而言,《当下的力量》是教导我们一种新的生活方式,告诉我们如何可以把日常生活中我们受的苦减到最少。每个觉得自己应该可以活得更好、过得更开心的人,都应该读一读这本书。

首先,作者指出,人类受苦的根源来自我们大脑的思维(第一章)。思维其实也不是问题,问题出在我们无法控制自己的思维,反倒成为思维的奴隶，成为自己"强迫性思维"的受害者。作者在演讲中曾经举过一个很形象的例子：现在是半夜 3 点，你在温暖的被窝中，可是你气得睡不着。引发你怒气的人早已安然入梦，那件事情其实也已经过去了。但是你的思维却不放过你，一再用它旧有的看事情的模式来解释那个人是多么对不起你，那件事会让你多危险、多丢脸、多麻烦、多……想不完的！这就是病态的思维，制止不住大脑的思考，是让我们受苦的主要原因。

我们都知道 ABC 理论，A 是引发你情绪的事件，B 是你的信念或你对事情的诠释，C 就是结果，即你的负面情绪。通常，当人们不喜欢 C 的时候，都会去找 A 的碴儿，尤其是与创造 A 有关的人。所以我们每天疲于奔命，一直在处理、阻止、缓和、沟通、协调 A 以及与 A 相关的人、事、物。可是我们不知道，B 是你唯一可以完全掌控和改变的因素，而且引发 C 的不是 A，而是 B。同样一件事，几家欢乐几家愁。为什么？就是对事情的诠释角度不同罢了。与其去改变外在的人、事、物，不如改变我们自己的内心来得省事省力。而你会发现，当你转变了内心的状态之后，环境也会随之转变，这就是所谓的"境由心转"！

大脑的思维不但在日常生活中制造我们的痛苦，我们人类最基本的存在性焦虑和永远于外在世界无法寻得满足的肇因，都来自大脑的思维（第三章）。作者也在书中一再强调：

导读
活在当下

我们远离了真实的自我，这是我们受苦的元凶。他称真实的自我为本体或存在（being）。在《遇见未知的自己》这本书中，我称之为"真我"，而这也是我们人类有孤独感、惶惶不可终日、始终不快乐不满足的主要原因。为什么我们会失落了真实的自己呢？作者的意见是：我们的大脑，创造了一个虚假的自我——小我，来让自己有"真实感"。而正因为小我是如此的不真实，所以它不停地在外在的世界寻求认同，追求物质世界的满足来壮大声势。可惜我们越听从小我，就越感到空虚和孤立，挥之不去的远离感也油然而生。因为我们远离、失落了真实的自己，也就是远离了作者所说的"本体"或"存在"。

在书中，作者还提到了一个我们受苦的肇因：痛苦之身（pain body，第二章）。痛苦之身是我们内在的一个能量场，它是我们过去未被合理表达和适当释放而累积下来的负面情绪能量场。作者描述的痛苦之身，好像一个寄居在我们身体之中的恶魔。在它沉睡的时候，一切相安无事。可是，一旦外在的事情不顺利，或是有相关的人、事、物激活了它的时候，它就会苏醒。我们可以看到一个看起来文质彬彬的人，会突然变了一个人，出现言语或肢体的暴力行为。或是有时候自己都不知道，为什么一件小事情会引起情绪上的轩然大波。这就是痛苦之身被唤醒的结果。

好了，我们有一个不能正常运作的大脑思维，常常给我们找麻烦。现在又来了一个痛苦之身，时不时地跳出来搅局。难怪我们的人生苦多于乐，而且常常身不由己。怎么办呢？作者在书中提出了好几个非常实用的方法，这些方法其实都是源自一个最基本的理论：活在当下。当下有你所有想要的东西，当下也是你唯一拥有的东西。时间只是一种幻象，越说越玄了！其实，只要这样想，就不难明白了。过去已经过去，不会再回来，但是我们多少人还是活在过去之中不肯放下？未来还没有来临，你也根本不可能去掌握它。你所能拥有的，不就是当下这一刻吗？只要搞定现在这一刻，你就没有问题了。未来就算一定会来临，但是它也一定是以"当下"的方式出现的，不是吗？最怕的就是明明人在这里，可是脑子跑到过去，带来了愤怒、伤心、悔恨、愧疚等情绪。或是人在此刻，脑子跑到未来，于是就产生了压力、焦虑、恐慌。

活在当下，活在每一刻中，作者称之为"临在"（presence，第五章）。临在指的是有觉察力地安住于当下。所谓觉察力，就是观察自我的能力，做自己喋喋不休的思想的观察者。临在的力量一来，你的喋喋不休就会停止。还有一个培养临在、进入当下的方法，就是去关注我们的内在身体（第六章）。把注意力放在我们的内在身体的能量场上。这是什么意思呢？比如说，你可以试着把眼睛闭上，然后去感觉一下你的右手。此刻你看不到它，那么你怎么知道它存在呢？你感觉得到它吗？有没有感觉到气或是能量在你的指尖运行？书中有很详尽的冥想方法,教你与你的内在身体做更多的联结,这样就可以培养更多的觉察力。

作者一直强调"无意识"(unconsciousness)和"意识"(consciousness)的差别(第四章)。他认为,所有人类的疯狂行为都是出自无意识,受到我们从小被制约的人生模式操控。比如说,你对一件事情的反应、看法、做法等,通常都有一定的轨迹可循,但是你不一定喜欢或赞同它们。所以从某种程度上来说,我们都是一台被编好了程序的计算机。而使用书中的一些教诲,练习作者提供的一些方法,能够增加我们有意识的部分,夺回一些自主权。

有一个"未显化状态"(unmanifested)也是作者着墨甚多的地方(第七章)。由于作者本身很喜欢《老子》一书,所以未显化状态可以比为"道",就是在天地万物成形之前就存在的混沌状态,是万物生命的源头,但是它从未诞生,也未曾消失过,而且无所不在(听起来很像存在或本体)。在它之中,没有二元对立的好坏、对错、是非、黑白,是一个"一"的境界。相较于"外显世界"(manifested),就是我们眼见的物质世界,未显化状态体现在"空"、"空间"以及"静默"之中。看起来很神秘,但是,如果我们越多地接触它,我们就越能感受生命的能量,也越能在"外显世界"中过得更好。书中详述了接触未显化状态的一些方法,请读者好好去体会、实践。

本书第十章，谈到了"臣服"这个概念，可能很多人刚开始无法接受。其实臣服就是老子说的无为，蕴含着强大的行动力和正面向上的能量。我个人最喜欢读第十章，因为作者不但把臣服这个观念讲得淋漓尽致，更做了很多前面章节的总结和回顾。

这本书，就像我前面说的，不能用大脑来读。在读的时候，最重要的是，从你的灵魂深处去感受那个似曾相识的感觉，去体会那个"看到真理就顿悟"的内在智慧，从字里行间去感受那个震撼你心灵深处的能量。这本书在国外刚出版的时候，曾经长期蝉联《纽约时报》心灵类畅销排行榜第一名。我自己以它的主轴精神所撰写的灵性小说《遇见未知的自己》在台湾上市不到三个月就有重印十几次、两万多本的销售成绩，可见真理是可以被认得的。

如果读者朋友对于本书有任何的反馈或是疑问，欢迎上我的博客 http://blog.sina.com.cn/tiffanychang 去坐坐，提提问题。我也很愿意尽我所能与大家分享心得，交流互动。

> 本文作者为中国国家心理咨询师，曾是中国台湾电视事业股份有限公司（简称"台视"）著名主播，并获得加州大学洛杉矶分校 MBA（工商管理硕士）学位。现长年定居北京，专心研修瑜伽以及各类心灵课程。

序言

或许,像《当下的力量》这样的书十年甚至几十年才能产生一本。它不仅仅是一本书;在这本书中还有活生生的能量,当你读这本书时你可能会感受到这种能量。它有一种惊人的力量,这种力量可以使读者去体验书中的内容并改善自身的生活。

《当下的力量》在加拿大首次出版时,加拿大出版商科尼·凯洛告诉我,她已经听到了一个又一个有关此书的故事:当人们深入地读这本书时,积极的变化和奇迹就会出现。她说:"读者打电话对我们说,自他们认真地读了这本书后,他们生活中的欢乐、积极的变化都大大地增加了。"

这本书让我认识到,我生命中的每一刻都是奇迹。这绝对是真的，不管我是否能够去实现它。并且，《当下的力量》还一次又一次地向我解释实现奇迹的方法。

从这本书的第一页，我们就可清晰地看出埃克哈特·托利是当代的心灵导师。他不依赖任何的宗教、教诲或宗师；他的教学包含所有其他传统——基督教、印度教、佛教、伊斯兰教等——的核心、本质，但是与它们又不相矛盾。他能做所有心灵导师已经做过的事情：用简洁明了的语言向我们展示存在于我们体内的道路、真理和光明。

埃克哈特·托利首先向我们简短地介绍了他自己的故事——蓄积已久的压抑和绝望在他29岁生日不久后的一个晚上突然消失的故事。在过去的20年里，他根据那晚的体验深化了他的理解。

在过去的10年里，他成了世界一流的心灵导师，一个拥有大量信息的伟大灵魂。他指出，我们有可能生活在一个没有痛苦、没有焦虑、没有神经质的状态中。为了实现这一点，我们必须理解我们是如何成为一个痛苦创造者的；是我们的大脑，而不是其他人或者我们生活于其中的这个世界引发了我们的问题。是我们的大脑在思考我们的过去，担忧我们的未来。我们犯了最大的错误：认同我们的大脑，并认为大脑就是我们——实际上我们远远比我们的大脑更伟大。

埃克哈特·托利一次又一次地向我们展示了如何与被他称为"存在"的东西联结的方法：

XVI

序　言

　　本体是超越那些受限于生死的各种生命形式而永在的"至一生命"(One Life)。作为无形的、不灭的本质，本体不仅超越了所有生命形式，更深深地根植于每种生命形式之中。也就是说，作为你最深的自我和真实的本质，你可以在每个当下接触到它。别试着去掌握它的含义，别试着去理解它。只有当你的思维处于静止时，你才会领会它的真正含义。当思维处于静止时，当注意力完全集中在当下时刻时，你就会感觉到本体，但是从心智上我们永远无法理解它。重新觉知到本体，并保持这种觉知体验的状态就是开悟。

　　你不太可能把《当下的力量》一口气读完——它需要你时不时地阅读，仔细斟酌里面的每一个词句，并将它们应用在你的生活经验中。它是一本百读不厌的好书，你每一次读它都会有新的体会。许多人，包括我，都会终生阅读这本书。

　　《当下的力量》将会有越来越多的忠实读者。它被称为是一部旷世之作；不管你如何称呼它或描述它，这本书拥有改变我们的生活、让我们充分实现我们本质的力量。

马克·艾伦，《梦幻商业和梦幻人》作者
美国加利福尼亚州诺瓦托
1999年8月

本书的由来

过去对我来说几乎无用,我也很少去想它。然而,在这里,我要简短地告诉你,我是如何成为一个心灵导师,以及这本书是如何诞生的。

30岁以前,我一直生活在一种焦虑不安的状态中,时常伴随着有自杀倾向的抑郁。但是现在说起来,我感觉好像在谈论我上辈子的事或是别人的生活。

在29岁生日之后不久的一个晚上,我在凌晨醒来时,有一种可怕的感觉。我已经多次有这种感觉了,但这次是感觉最为强烈的一次。夜的寂静,黑暗房间内家具的模糊轮廓，火车经过传来的遥远的鸣笛声，所有的一切都感觉如此陌生，如此充满敌意，如此没意义，让我深深地厌恶这个世界。然而，最令人厌恶的还是我自己的存在。何苦要继续生活在悲惨的负担中？为什么要继续这样挣扎求存？我感觉到想要毁灭自己，让自己不存在的渴望，远远超过本能求生的欲望。

"我无法再忍受我自己了。"那晚，这句话一直不断地出现在我的脑海中。这时，我突然意识到这种想法真的很奇怪："我是一个人还是两个人？如果我不能忍受我自己，那么肯定有两个我：'我'和'自己'。"或许，我想，其中只有一个是真实的。

我被这个想法惊呆了，我的大脑完全停止了运转。我完全有意识，但是思维却不存在了。然后，我感觉我被吸进了一个能量的旋涡。开始，旋涡转速缓慢，后来越来越快。我陷入了深深的恐惧之中，我的身体开始颤抖。我听到了一个来自我胸口的声音："不要抗拒。"我感觉自己被吸入了一个空洞之中，这个空洞在我体内而不是在外界。突然，我不再恐惧，任凭自己陷入这个空洞之中。我完全不记得之后发生了什么事。

我被窗外的鸟叫声唤醒。之前，我从未听过这种声音。我的眼睛仍然是闭着的，然而我看到了一颗钻石的意象。是的，如果钻石能发出声音的话，这就是钻石发出的声音。我睁开双眼，清晨第一缕阳光从窗帘中射了进来。在没有任何

前言

思维的情况下,我感觉,我知道,光的无限性,远超过我们所理解的。这个从窗帘穿透进来的柔和之光就是爱本身。眼泪湿润了我的双眼。我从床上起来并在房间里四处走动。我认得这个房子,但是我知道我真的从来没真正地看过它。每件东西都那么新鲜,那么质朴,就像它们刚来到这个世界上一样。我拿起一些东西,一支铅笔,一个空瓶子,惊叹于它们的美丽和生命力。

那天,我围着城市走动,对这个地球生命的奇迹充满惊奇,好像我刚来到这个世界一样。

在接下来的5个月里,我生活在一种深深的宁静和极乐的状态之中。之后,这种感觉稍稍淡去,或许只是看起来淡去了,因为它已经成为我本然的状态了。虽然我的生活起居一切自如,但我明白,这一生中我做过的任何事都不可能对我现在拥有的有所助益了。

当然,我知道自己身上发生了一些具有深刻意义的事情,但是我百思不解。7年后,在我读过很多灵修书籍并和几位心灵导师相处过后,我才认识到,每个人都在寻求的东西已经发生在我身上了。我知道,痛苦的极端压力,迫使我的意识从不幸和恐惧本身的认同中解脱出来,而这种不幸和恐惧最终都是大脑制造出来的。这次解脱肯定是一次彻底的决裂,那个虚假、受苦的小我就像被放了气的充气玩具一样,顿时分崩瓦解。这时留下的就是我的真正本质:那个始终临在的

"我是"，不与任何形式认同的纯意识状态。之后，我学会了进入这种内心的无时间和不朽的领域，也就是我当初体会到的那个像空洞的东西，同时保持着全然的觉知。我安住在这个言语无法形容的极乐和神圣世界中，这使得我早先的经验与之相比都顿然失色。曾经有很长一段时间，我在这个世界上一无所有——没有爱情，没有工作，没有家，没有所谓的身份认同。然而我却在这种内心强烈欢乐的状态下，在公园的长凳上几乎坐了两年。

但是，即使是最美好的经验也会来了又走。或许，比任何体验更为基础的是那股宁静的潜流，自从那时起它就从未离开过我。有时，它很强，很明显，并且其他人也能感觉到。有时，它是在背景之中，像一段遥远的旋律。后来，常常有人走过来对我说："我要你所拥有的东西，你能把它给我吗？或者告诉我怎么得到它？"我说："你已经有了，只是你感觉不到它的存在而已，因为你的思维产生了太多的噪声。"这个答案后来就变成了你手中的这本书。

在我认识到这一点之前，我又有了外在的身份认同。我已经成了一位心灵导师。

真理在你的体内

这本书代表着我工作的核心，在过去 10 年，在欧洲和北

前 言

美,我与一些个人和团体的寻道者一同工作过。我要感谢这群杰出之人的勇气,和他们去拥抱自己内在转变的意愿,还有他们提出的具有挑战性的问题,以及愿意聆听答案的态度。没有他们的帮助,就不会有这本书。他们属于不断增长的一个小群体的求道者:他们能打破集体固有的思维模式,这些模式使人类几个世纪以来都陷于痛苦之中。

我相信这本书对那些希望改变内心状态的人来说是一种催化剂。我同样也希望那些发现这本书有价值的人能读这本书,尽管他们可能还无法全面地实践它。但有可能再过一段时间,这本书撒下的种子会和读者内在已经拥有的开悟种子相结合,从而在他们体内萌芽、生长。

这本书的内容起源于研讨会、冥想课程和私人咨询会谈上,我针对人们提出的问题所做的答复,所以在书中我保留了问答的形式。在这些课程和研讨会中,我所学习到的和得到的东西,不比那些提出问题的人少!有些问题及答案是当时的原话,有些是一般性的问题,我将那些经常问的问题结合在一起,并把每个答案的重要部分抽出来总结成一个答案。有时,在我写作的过程中,会出现一些全新的、更有见解和深刻含义的答案。有些问题是本书的编辑问的,目的是希望澄清一些观念。

你会发现,从此书的第一页到最后一页,对话是在两个不同的层面来回更替的。

在一个层面，我请你注意你内在的一些错误。我谈论了人类无意识的本质，以及一些失常的行为表现——从人际关系的冲突，到种族之间和国家之间的战争。这些知识非常关键，因为除非你能认清错误就是错误，它并不代表你，否则在你身上不会有彻底的变化，你最终还是会回到错觉和某种形式的痛苦之上。在这个层面，我同样会向你展示如何不将你内在的错误变成一个你的身份认同和个人问题，而这就是错误持久不衰的原因。

另一个层面，我谈论了人类意识的深刻转化——它不是遥远未来的一个可能性，而是现在就触手可及的——不管你是谁，不管你身处何地。你将会了解到如何从思维的枷锁中解放出来，进入一个开悟的意识状态，并理解如何在你的生活中维持这种状态。

在这方面，有关内容的词句不一定涉及很多信息。这些词句的作用，是当你在阅读的时候，试着将你的注意力引入上面说的那个意识上。我会一次又一次地努力带你一起进入这种当下时刻中，意识临在的无时间状态，从而让你浅尝开悟的滋味。除非你能体会我所说的，否则你会觉得这本书的内容有很多重复的地方。如果你能体会我所说的，我相信你将会了解这些词句包含了极大的灵性力量，甚至可能成为你在本书中收获最多的部分。同时，因为每个人内在都有开悟的种子，我常常是对着你内在那个思考者后面的知晓者说话。

你那个知晓者是一个比较深沉的自我,它很快就能认出灵性的真理,与之共鸣,并从中获取力量。

这个在段落中常出现的暂停符号 §,表示你需要暂时停一下,静下来,去感受和体验我刚才所说内容之中的真理。在此书的其他部分,你也许会自然地和自动地停下来。

在刚开始读这本书时,你可能对有些名词如"本体或存在"(being)、"临在"(presence)的含义,一时还难以理解。但是没关系,请接着往下读。有些问题或疑问也可能偶尔会出现在你的大脑之中。这些问题可能在此书的后面会得到解答,或是当你深深地进入你的内在时,它们可能就变得无关紧要了。

别光用你的思维去读这本书。请关注你读书时的情感反应,还有从内在深处浮起的认同感。我所告诉你的任何灵性的真理,你的内在其实都知道。我所能做的就是提醒你那些被你遗忘了的东西。那些活生生的、亘古常新的知识,会从你的每个细胞当中被激活和释放出来。

思维总是喜欢分类和做比较,但是你最好别将此书中的名词、术语与其他的书籍做比较,否则你将可能会被混淆。我所用的词句,如"思维/大脑"(mind)、"开心/幸福"(happiness)、"意识"(consciousness)等,它们可能与别的心灵书籍中所用的不同。请不要专注于这些词句,它们只是一些踏脚石,过了就尽快放下。

我偶尔会引用耶稣或佛陀的言语，或其他灵性教材（如"奇迹课程"）的教导，我这样做不是为了做比较，而是为了向你展示，从本质上来说，灵修只有一种，但是它也许用许多不同的形式来表达。当我引用古宗教或其他心灵教材的话时，我是为了揭示它们的深刻含义并恢复它们的转化力量——尤其是为这些宗教或教材的追随者服务。我想对他们说：你不需要到别处去寻找真理。请让我带你深深地走进你已经拥有的东西。

　　此外，我尽量使用一些中性词，这样做是为了让它们贴近更多的读者。这本书可以被看成是永恒的灵性教导的一种重述，以及所有宗教本质的重述。此书不是源自外在的资源，而是源自内在的真正源头。所以它不包含任何理论或推论。我是根据我内在的体验来说话，如果有时我的语气很重，那是因为我要让你摆脱深层的心理抗拒，并让你到达自己内在那个已然知晓的地方，就像我一样，那个一接触真理就会认出它的地方。在那里，会有极乐的感觉以及高度的活力，就像有个东西从你的内在说："是的，我知道这是真的。"

第一章
你不等于你的大脑

THE
POWER
OF NOW

开悟的最大障碍

开悟（enlightenment）是什么？

曾经，有个乞丐在路边坐了30多年。一天，一位陌生人经过。这个乞丐机械地举起他的旧棒球帽，喃喃地说："给点儿吧。"陌生人说："我没有什么东西可以给你。"然后他问："你坐着的是什么？"乞丐回答说："什么都没有，只是一个旧箱子而已，自从我有记忆以来，我就一直坐在它上面。"陌生人问："你曾经打开过箱子吗？""没有。"乞丐说，"有什么用？里面什么都没有。"陌生人坚持："打开箱子看一看。"乞丐这才试着打开箱子。这时令人意想不到的事情发生了，乞丐充满了惊奇与狂喜:箱子里装满了金子。

我就是那位没有任何东西可给你,却要求你打开箱子看看的陌生人。我不是让你像这则寓言里的乞丐一样看什么箱子,而是叫你往一个更贴近你自身的地方看:你的内在。

我能清晰地听到你说:"可是,我不是个乞丐呀。"

那些没有找到他们真正的财富,也就是本体的喜悦以及与它紧密联系在一起的、深刻而不可动摇的宁静的人,就是乞丐,即使他们有很多物质上的财富。他们四处寻找成就、安全感或爱情所残余的欢乐或满足,但是他们不知道自己不仅已经拥有了所有的这些东西,而且还拥有了比这些更为珍贵的东西。

"开悟"这个词听起来就像一些超人类成就的玄学,但是,它其实就是一种简单的与本体合一的自然状态。它是一种与不可衡量的、不可摧毁的事物相联系的状态。几乎矛盾的是,它其实就是你自己,但又比你更伟大。它找到了超越你名字和形象的真正本质。如果你不能感觉到这种联系,你就会有一种与自己以及与你周围的世界相分离的幻象。你会有意识或无意识地感到自己就像一个孤立的碎片。然后,你内外部的恐惧、冲突和矛盾也随之产生。

我喜欢佛陀将开悟简单地定义为"受苦的终结"(the end of suffering)。在这个定义里没有超人类观念的存在。当然,作为定义,它是不完整的。它仅告诉你开悟的否定性定义:

第一章
你不等于你的大脑

受苦停止。但是，当没有受苦存在时，还剩下什么呢？佛陀对此沉默不语。他的沉默意味着你必须自己去寻找答案。他下了一个否定形式的定义，所以你不会认为开悟是一个超人类的成就或不可达到的目标。尽管这样，绝大部分佛教徒仍然没有体会佛陀的苦心，仍然相信开悟是为佛而准备的，而不属于他们，至少在此生中不属于他们。

关于本体（being）这个词，你能解释一下它的含义吗？

本体是超越那些受限于生死的各种生命形式而永在的"至一生命"。作为无形的、不灭的本质，本体不仅超越了所有生命形式，更深深地根植于每种生命形式之中。也就是说，作为你最深的自我和真实的本质，你可以在每个当下接触到它。别试着去掌握它的含义，别试着去理解它。只有当你的思维处于静止时，你才会领会它的真正含义。当你的思维处于静止时，当你的注意力完全集中在当下时刻时，你就会感觉到本体，但是从心智上我们永远无法理解它。重新觉知到本体，并保持这种觉知体验的状态就是开悟。

§

你谈到的"本体"，是指上帝吗？如果是这样，为什么不直接说呢？

经过上千年的滥用,"上帝"这个词的意义已经变得很空洞。我有时用"上帝"这个词,但极少这样做。这里的滥用指的是人们在从未理解这个词的真谛的基础上就自以为是地去运用它,像是很了解它的样子,或是极力地反对它,好像很清楚他们在反对的究竟是什么似的。这种滥用就引发了可笑的信仰、结论以及自大的幻象,比如:我的或我们的上帝是唯一的真正的上帝,而你们的上帝则是假的,或如尼采说的"上帝死了"。

"上帝"这个词已经成了一个封闭的概念。当人们说出这个词时,他们就会构想一个形象出来,也许不会是一位白胡子的老人,但是仍然还是一个置身于你之外的人或是物,同时不免是个男性或雄性的形象。

"本体"或"上帝"或其他任何文字都不能诠释这个词背后无法言传的意义,所以重要的是这个词对你体验你的内心是一个帮助还是一个障碍。它所指向的是超越它本身意义的先验的现实,还是它太易于理解,而成为人们的一种信念或一个偶像呢?

和上帝一样,"本体"这个词也没有解释任何东西。然而,本体是一个开放的概念,这是它的优势。它没有将一个无限的、无形的东西缩减成一个有限的实体。人们不可能在头脑中构想出一个关于本体的意象,也没有人能够宣称他独自拥有本体。它是你的本质,只有当你感觉到临在时,你才会立

第一章
你不等于你的大脑

即领会到"我是"的真谛。所以从"本体"这个词到体验到你的"本体",只是小小的一步而已。

§

体验这种现实的最大障碍是什么?

是认同于你的思维,它使人们进行强迫性的思考。不能停止思考是一个可怕的烦恼,由于几乎每一个人都遭受着此种痛苦,而我们又无法意识到这一点,所以这就成了一件很正常的事情。这种不停的思维活动使你无法达到内心的宁静状态。同时,它创造了一个虚假的自我,不断投射出恐惧和苦难的阴影。在下面的章节里我们将详细讨论这个话题。

哲学家笛卡尔认为,在他写下名言"我思故我在"时,他已经找到了真理。实际上,他表达了一个最基本的错误:将思考视为存在并且认同于思考。强迫性思考者(其实几乎每个人都是)活在一个分裂的状态——一个充满了问题和冲突的疯狂而复杂的世界、一个反映了我们大脑越来越分裂的世界。开悟是一个圆满的境界,合一而和平,与生命以及它所显化的世界合一,同时,与你最深的自我的未显化的生命,也就是本体合一。开悟不仅是痛苦和身心内外冲突的终结,也是思考的终结,这将会是一次不可思议的解放!

> 开悟不仅是痛苦和身心内外冲突的终结，也是思考的终结，这将会是一次不可思议的解放！

思维认同创造了一连串的概念、标签、意象、词语、判断和定义，阻碍了你所有真正的关系。这些东西挡在你和你自己之间、你和其他人之间、你和自然之间、你和上帝之间。就是这些思维创造了一种孤立的幻象，你与其他人完全分离的幻象。因此，你忘却了一个基本的事实，那就是：在我们肉身表相看来是与众生分离的情形之下，你其实是与万物合一的。当我说"你忘却了"，我指的是你已经无法感受到"合一"这个不证自明的事实。也许你相信它是真的，但是你无法感觉到它是真的了。一个信念也许可以被遗忘，但是，你一定要亲身验证它，它才能真正地解放你自己。

思维已经变成了一种疾病。当事情失去平衡时，这种疾病就会发生。比如，体内的细胞分裂和繁殖本身没有任何错误，但是当这个过程不顾整个有机体而持续地快速增生时，我们就会得病了。

注意：如果思维被正确利用的话，它将是一个超强的工具；但如果利用不当，它的危害则相当大。准确地说，不是你利用思维的方式不对——基本上你根本没有利用它，而是它在利用你。这就是一种病态。你认为你就是你的思维、你

第一章
你不等于你的大脑

的大脑，其实这只是种幻觉，这个工具已然控制了你。

我不是很赞同你的说法。虽然像大多数人一样，我常常漫无目的地思考，但是我仍然利用我的大脑完成了许多事情，一直以来我都是这样做的。

你能解答一个填字谜语或制造一颗原子弹，并不能说明你利用了你的大脑。就像狗喜欢啃骨头一样，大脑喜欢思考问题。这就是为什么它要去玩填字游戏和制造原子弹的原因。你或许对这两个活动都不感兴趣，让我这样问你吧：无论何时，当你想从思维中解放出来的时候，你能做到吗？你找到了停止思考的那个按钮吗？

你是说完全停止思考吗？不，我做不到，一两分钟或许还可以。

那么，就是你的大脑在利用你了。你无意识地认同了它，所以你甚至不知道自己是它的奴隶。这几乎就像你在毫不知情的情况下被它所俘虏，所以你认为思考问题的这个实体就是你自己。从思维中解放出来的开始就是认识到你不是一个思考问题的实体——思考者。认识到这一点能使你很好地观察这个思考者。在你观察这个思考者时，一个更高层次的意识就被激活了。然后，你会开始意识到有很大的一片超越思想的智性，思想只是这个智性的一个小方面。你同样还会认

从思维中解放出来的开始就是认识到
你不是一个思考问题的实体——思考者。

识到所有真正重要的事情,如美貌、爱情、创造力、欢乐、内在的宁静等,都来自大脑之外。你开始觉醒了。

从你的大脑中解放出来

"观察思考者"的准确含义是什么?

当某人去看病时说"在我的脑海里有一个声音",他或她很可能就被送去精神病医院了。事实是,几乎每个人都会以相似的方式在他们的脑海中听到一种或几种声音:这就是所谓不自主的思考过程,你却没有意识到你有阻止这种独白或对话的力量。

在街道上,你可能会遇到不断喃喃自语的"疯子"。其实他的行为与你和其他"正常人"区别不大,只是你们没有大声说出来而已。那个声音不停地在评论、推测、批判、比较、抱怨、选择好恶等。这种声音可能与你当下所在的情况无关,它可能是关于过去或未来的一些事情,它可能是在回忆往昔,或是在幻想未来可能发生的事情。它经常想象事情可能会出

第一章
你不等于你的大脑

差错,或产生不利的后果,这就是杞人忧天。有时这种声音还会伴随着一些视觉意象或"心理电影"。即使这种声音与现在的情况相关,它也会以过去的形式来解释它,这是因为声音属于你被制约了的大脑,它是你过去的经历以及你继承下来的集体文化思维模式的结果。所以,你以对过去的看法来判断现在的事情,一定会得到一个完全被歪曲的理解。这个声音是人类自己最大的敌人,这是毫不夸张的。许多人在大脑的折磨下度过一生,任由它攻击、惩罚,并耗尽生命的能量。这就是数不清的灾难、痛苦以及疾病产生的原因。

好消息是你能从你的思维中解放出来。这是唯一的真正的解放。现在,你可以采取第一个步骤了——经常倾听你大脑中的声音。特别关注那些重复性的思维模式,那些多年来缠绕你的"旧唱片"。这就是我说的"观察思考者"的含义,换句话说:倾听你脑袋中的声音并作为一个观察者的临在。

当你在倾听那种声音时,不要去做任何评判。不要对你所听到的声音做出判断或进行谴责,因为这样做意味着同样的声音又会从后门乘虚而入。你将会很快地认识到:那里有一种声音,而我在这里倾听它,观察它。这是一种自我存在的感觉而不是思维。它超越了你的思维。

§

所以当你在倾听思维时,你不仅意识到了这种思维,而且还意识到了你在观察这种思维。这样，一个新的意识层面就产生了。随着你倾听思维，你会感觉到在这种思维之下或之后的一种有意识的临在，那就是你更深的自我。于是，这种思维丧失了它的力量而且很快地消散，因为你不再通过对思维的认同而为其注入活力。这是不自主以及强迫性思维终结的开始。

当一种思维止息时，你会在自己的心智流（mental stream）中体验到一种思维的中断——思维空白。首先，这种空白是短暂的，或许仅几秒钟，但是渐渐地它们会变得长久些。当这种空白出现时，你在内心会感觉到一种静止和宁静的状态。于是，你开始感觉到与本体合二为一的自然状态，通常这种状态受到思维的蒙蔽而模糊，多加练习之后，你的这种平和与宁静的感觉会加深。实际上，这种深度是无止境的。你同样会感觉到一种来自你内心深处的喜悦。

这不是一种意识模糊的状态。一点儿都不是。在这里，意识不会丢失。恰恰相反，如果内心的平和是以意识水平的下降作为代价，如果获得宁静的代价是变得缺乏生命力与警觉性的话，那它们就不值得拥有。在这种内在的联结之中，你会比思维认同状态下更为警惕，更为清醒，更为临在。它同样会提升赋予你身体生命能量的振动频率。

随着你进一步深入这种"无念"的状态（东方人的说法），你会认识到一种纯意识状态。在这种状态下，你会如此

第一章
你不等于你的大脑

喜悦地感受你的临在：所有的思维、情绪、身体以及整个外部世界，在与你的本体比较之下，都不那么重要了。然而这不是一种自我（selfish）的状态，而是一种无我（selfless）的状态。它超越了你原先认知的自己（yourself）。这种临在实际上就是你自己，但不可思议的是，它比你伟大。我在这里努力阐述的问题可能听起来荒谬甚至自相矛盾，但是我没有其他更好的表达方式了。

§

除了"观察思考者"之外，你还可以通过将你的注意力集中在当下这一刻，从而在思维中创造那种空白。就是全神贯注于当下的时刻。这是一件非常值得去做的事情。通过这种方式，你可以将意识从思维活动中引开，并创造一种无思维的空白。在这种空白中，你高度警惕，注意力高度集中，但是你没有在思考。这就是冥想的本质。

在你的日常生活中，你可通过任何日常活动来练习这种方法。比如，每次你在家中或办公室上下楼梯时，你每一步、每一刻，甚至每一次呼吸时都全神贯注，完全集中你的注意力。或者当你洗手时，关注与洗手有关的所有感觉：水的声音和感觉、手的运动、肥皂的香味等。或者在你上车时，关闭车门后，停顿几秒钟并观察你的呼吸。觉察到那个宁静且强而有力的临在。有一个标准可以用来衡量你的练习

> 迈向开悟之途最为关键的一步是：从对思维的认同中摆脱出来。

是否成功：你内在所感觉到的平和的程度。

§

所以迈向开悟之途最为关键的一步是：从对思维的认同中摆脱出来。每次，当你在思维中创造空白时，你的意识就会变得更强。

某天，你可能会发现你在冲着你大脑中的声音微笑，就像你冲着孩子调皮的动作微笑一样。这意味着你不再认真地对待你思维的内容，因为你的自我意识不再依赖于它。

超越你的思维

> 难道思维对于我们在这个世界上的生存来说不是最为关键的吗？

你的大脑只是一个工具。它是被用来处理特殊任务的，当这个任务完成时，你就让它处于休止状态。因此可以说，人们80%~90%的思维不仅是重复的，而且是无用的，甚至

第一章
你不等于你的大脑

由于思维的运作障碍和消极的本质,大部分思维都是有害的。如果你观察你的思维,你就会发现这是真的。这还导致了你生命能量的严重损耗。

实际上这种强迫性的思维是一种上瘾症。上瘾症的特点是什么?非常简单:你没法选择停止,它甚至比你还强大。它同样给你一种错误的乐趣,而这种乐趣会最终变成痛苦。

我们为什么会对思维上瘾呢?

因为你认同思维,就是说,你从思维的内容和活动中获取自我的感觉,因为你认为,如果你停止思维活动,你将不复存在。随着你逐渐长大,在你个人和文化环境的制约下,你在脑海中勾勒出了自己的形象。我们不妨把这个虚幻的自我称为"小我"。小我由思维活动组成,只有不断地进行思考它才能存活。"小我"这个词对不同的人来说有不同的含义,但是在这里,我所指的是虚假的自我,它是我们无意识地认同于思维而产生的。

对于小我来说,当下时刻几乎不存在,只有过去和未来才是重要的——完全颠倒是非。这是因为,当我们的大脑由小我掌控时,它是功能失调的。小我尽力使过去发生的事情复活,因为如果没有过去,你将会是谁?它还不断地把自己投射到未来,以确保它能继续存活,并且在未来寻找某种慰藉或满足。它会说:"某天,当这个、那个或其他的事情发生

> 对于小我来说，当下时刻几乎不存在，
> 只有过去和未来才是重要的。

时，我就会很好、很幸福，也很平和。"即使当小我看似在关切当下时，它所关切的也不是眼前的当下，因为小我看待当下的方式完全错误——它是以过去的眼光来看的。或者它把当下作为达成未来目的的手段，而这个目的，始终存在于思维所投射出的未来。观察你的思维，你就会看到小我的这种运作方式。

当下时刻就是解脱的关键。但是，只要你认同你的思维，你就难以找到当下。

> 我不希望丧失分析以及辨别事物的能力。我不介意学习如何更清晰地思考问题，但我不愿失去我的大脑。思维是我们所拥有的最为贵重的天赋。没有了它，我们将沦为一种动物。

思维的优势不过是意识演化过程中的一个阶段。我们现在就需要向下一个阶段迈进，否则，我们将会被已经演变成怪兽的大脑毁灭了。在下面的章节里我将会对此做详尽的讨论。思维和意识不是同义词，思维只是意识的一小部分。如果没有意识，思维将不复存在，但是意识的存在不需要思维。

第一章
你不等于你的大脑

开悟意味着超越思维，而不是下降到思维之下属于动物或植物的层面。在开悟的状态中，必要时你还是会运用你的思维，但是运用思维的方式会更为集中、更有效率。你主要为实际的目的而运用思维，但是你会从不自主的自我对话中解放出来，享有内在的宁静。当你利用你的思维时，尤其当你需要一个创造性的解决方案时，你会在思维和静止之间、思维和无念之间徘徊。无念是有意识但没有思维。只有在这种方式下，你才有可能进行创造性的思考，因为只有在这种方式下，思维才有真正的力量。当思维与意识失去联系时，思维会快速地枯竭、变得病态和具有破坏性。

思维在本质上是一种求生的机器。攻击、防范其他的思维，收集、储藏和分析信息——这是它所擅长的，但是这些不具有创造性。所有真正的艺术家，不管他们是否知道，都是在无念的、内在宁静的状态下进行创作。即使最伟大的科学家都声称他们的创造性突破来自无念状态。对美国最著名的科学家（包括爱因斯坦在内）的调查令人吃惊，调查结果显示，"在那个短暂的、决定性的创造本身的过程中，思维只起到了小部分的作用"。所以我可以说，绝大部分人不具有创造性，不是因为他们不懂得如何去使用思维，而是他们不懂得如何停止思维。

身体或生命的奇迹不是通过思维来创造和得以维持的。很明显，有一种比思维更重要的智慧在起作用。一个长度只

> 绝大部分人不具有创造性，不是因为他们不懂得如何去使用思维，而是他们不懂得如何停止思维。

有 1/1 000 英寸的人类细胞，它的 DNA 里包含的指令足以填满 1 000 本、每本有 600 页的书，这是如何做到的呢？我们对身体的工作原理了解得越多，我们就会越多地认识到在它之内运作的智力是多么伟大，而我们对它的了解又是多么少。当思维与智力联结起来时，它将会变成一个多么伟大的工具。

情绪：身体对思维的反应

> 情绪是什么？我陷入情绪的时间比陷入思维的时间多。

我这里所说的"思维"，不仅仅是指思考，还包括你的情绪以及所有无意识的心理—情绪反应模式。情绪在思维和身体的相遇处产生。它是身体对思维的反应——或者可以说，它是思维在身体上的反映。比如，一个攻击性的想法或敌对的想法会聚集你体内的被我们称为愤怒的能量。这时身体准备开始战斗。身体上和精神上受到威胁的想法促使身体收缩，这就是我们所谓的恐惧在身体上的反映。研究显示，强烈的情感甚至会导致身体的生理变化。这些生理变化代表着情绪

第一章
你不等于你的大脑

> 如果你不能感受到你的情绪，或是切断了与情绪的联系，那么你最终会在纯生理这一层面体验到它们，它们会以生理问题或疾病的形式出现。

的身体层面或物质层面。当然，你通常不会意识到你所有的思维模式，通常只有通过观察你的情感，你才能对它们保持意识。

你被你的思维、喜好、判断以及分析控制得越多，也就是说你的观察者意识越少的话，你的情绪能量的负荷就会越强，不管你是否意识到了这一点。如果你不能感受到你的情绪，或是切断了与情绪的联系，那么你最终会在纯生理这一层面体验到它们，它们会以生理问题或疾病的形式出现。近几年来，有许多关于此方面的文章，所以在这里我们不需要再来细说。强烈的无意识情感模式可能会显化成发生在你身上的外部事件。比如，我观察到那些内心充满愤怒而没有意识到这一点，也没有表达愤怒的人，更容易从言语上或身体上遭受其他愤怒之人的莫名其妙的攻击。这是因为他们散发着强烈的愤怒波动，被某人无意识地接收，从而引爆了这个人自己内心潜伏的愤怒。

如果你很难感受你的情绪，那么请先试着将注意力集中在你身体的内在能量场上。从里至外感受你的身体。这将会使你感受到你的情绪。稍后我们将会对此做详细的讨论。

你说情绪是思维在身体上的反映，但是有时这两者之间也会发生分歧：当思维说"不"时，情绪可能会说"好"，或者反之。

如果你真的想了解你的思维，身体总是会给你一个真实的反映，所以请在你体内去看或是感受它。如果两者之间有明显的分歧，那么思维永远是说谎的一方，情绪则始终是真实的。这里所说的真实，并不是指你是谁的终极真理，而是你当时思维状态的相对真实。

表面的思维和无意识的精神活动之间的冲突当然是很常见的。你也许还不能把无意识的思维活动变成有觉知的，并感受到它，但它总是会以一种情绪的方式在身体上反映出来，好让你能察觉到它。运用这种方式来观察情绪，和"倾听或观察思维"有异曲同工之妙。唯一的区别是，思维存在于你的大脑里，情感却具有强烈的生理成分，所以你可以在体内感觉到它。然后，你可允许情绪的存在，但却不要受它控制。你不再是你的情绪，而是一个观察者。如果你这样做，所有无意识的东西都将会被意识之光所照亮。

所以，观察我们的情绪像观察我们的思维一样重要吗？

是的。你应该习惯这样问自己："此刻，我内在发生了

第一章
你不等于你的大脑

> 如果你由于缺乏临在意识而陷入无意识的情绪认同之中,这是很正常的,而且这种情绪会暂时地变成"你"。

什么事情?"这个问题将会把你引向正确的方向。但是,请不要进行分析,观察就可以了。请将你的注意力集中于内在,并且去感觉情绪的能量。如果没有情绪存在,那么请更深地去关注你身体的内在能量场。这就是进入本体的大门。

情绪通常代表着一个被强化的以及被注入能量的思维模式,由于它的能量是蓄势待发的,所以一开始我们不容易维持临在的意识而观察到它。它要控制你,而且它通常都会得逞——除非你有足够的临在意识。如果你由于缺乏临在意识而陷入无意识的情绪认同之中,这是很正常的,而且这种情绪会暂时地变成"你"。通常,在你的思维和情绪之间有一个恶性循环:它们相依为命。思维模式通过情绪创造了一种它自己的被放大了的反应,而情绪的振动频率又一直为原来的思维模式注入活力。

基本上来说,所有的情绪都是一种原始的、无差别的情绪的变形,这种情绪源自我们不清楚自己在名字和身体之外究竟是谁。由于它的无差别性,我们很难找到一个准确描述这种情绪的名称。恐惧可能是最贴近的一个答案,但是除了不断地感到威胁之外,它还包括一种深深的被遗弃感和不完整感。我们把它称为"痛苦"是很合适的，因为它和前面说的那种最基本的情绪一样，是无差别的。思维的一个主要任务就是反抗或消除这种情绪上的痛苦，这也是思维活动如此之多的原因。然而思维顶多也只能暂时地将痛苦掩盖住。实际上，思维越是努力去摆脱这种痛苦，痛苦就会越深。思维永远不会找到解决方案，它也不会让你找到解决方案，因为它本身就是问题的一部分。请试想一下本身是纵火犯的警察头目努力寻找纵火犯的情形。除非你停止从思维认同中获取你的自我感，否则你将不会从痛苦中解放出来。只有停止思维认同，你的思维才会丧失它的力量，本体才会以你原来的本性显露出来。

是的，我知道你想要问什么。

我要问：积极的情绪，如爱和喜悦，究竟是什么呢？

它们是与你和本体相关联的本性不可分割的一部分。当思维空白出现时，感受爱、喜悦或短暂的宁静都是有可能的。对于大部分人来说，只有当感受到极大美感、极度恐惧或体力受到极度挑战时，才能引起思维的暂时失语，这时，思维空白才会产生。当这种思维空白产生时，突然，你就会感受到你内心的宁静，在这种宁静状态中，有一种微妙却很强烈的喜悦、爱与平和。

通常，这种时刻是很短暂的，因为大脑很快就会恢复它

第一章
你不等于你的大脑

> 欢乐总是衍生于你之外的事物,而喜悦是由内而生的。今天让你欢乐的事情,明天可能会让你痛苦,或者它将会离你而去,所以一旦失去它,你将会感到痛苦。

嘈杂的、被我们称为思维的状态。除非你将自己从思维中解放出来,否则爱、喜悦以及平和不会持久。但是它们不是我所谓的情绪,它们处在一个比情绪更深的层面。所以你需要完全地意识到你的情绪,才能感受到它们。"情绪"字面上的意思是"干扰"。这个词源于拉丁文"emovere",是骚扰的意思。

爱、喜悦与平和是深刻的本体状态,或是内心与本体联结时的三个方面。在这种状态下,它们没有对立,这是因为它们都源自思维之外。但情绪则不同,它属于二元思维的一部分,受制于对立法则。简而言之,就是有好必有坏。所以在未开悟的、与大脑认同的状态下,我们称为"喜悦"的东西,只不过是痛苦和欢乐轮流交替时短暂的欢乐而已。欢乐总是衍生于你之外的事物,而喜悦是由内而生的。今天让你欢乐的事情,明天可能会让你痛苦,或者它将会离你而去,所以一旦失去它,你将会感到痛苦。而且,我们通常称为"爱"的东西可能是一种短暂的欢乐和兴奋,一种沉溺性的需求,可能瞬间就向其相反的方向发展。许多爱情在经历起初的激情之后，会在爱与仇恨、吸引和攻击之间徘徊。

真正的爱不会让你感到痛苦。为什么这么说呢？它不会突然间就变成仇恨，当然真正的喜悦也不会转变成痛苦。如我说过的一样，即使在你开悟之前——在你将自己从思维中解放出来之前，你可能会短暂地感到真正的喜悦、真正的爱或者深沉的内在平静。这些是你真正本性的一些方面，即使在一个正常的爱情关系中，你也会感受到一些更为真实而不朽的东西的存在，但是它们是短暂的，很快就会因思维的介入而消失。这就像你曾经拥有某种很珍贵的东西却突然失去了它，或者你的大脑告诉你这只是一种幻象。实际上，这不是幻象，而且你不会失去它。它是你本性的一部分，它会受思维的影响但永远不会被思维破坏。即使天空乌云密布，太阳也不会消失，它仍然在云层的另一边。

> 佛陀说人类的痛苦源于欲望或贪婪，如果你要摆脱痛苦，你就必须摆脱欲望。

思维不停地在外部或未来寻求拯救或满足，以代替本体的喜悦。所有的欲望都来源于此。只要我有思维，我就会有欲望、需要、执着、厌弃等，离开了这些就不会有"我"的存在。在这种情况下，即使我渴望得到自由或开悟，那也是在未来寻求满足或完整的一种欲望。所以不要努力解放你的欲望或试图"达到"开悟的境界。请关注当下，并成为你思

第一章
你不等于你的大脑

> 每一次的欢乐或情绪的高涨在其内部都隐含着痛苦的种子：痛苦是这些欢乐的不可分割的对立面，而这个对立面迟早会显化出来。

维的观察者。不是引用佛的话，而是变成佛，成为觉醒的人，这才是"佛"这个词的含义。

人类一直以来都遭受着痛苦，从他们进入了时间和思维的领域，并丧失了对本体的意识，被痛苦折磨了亿万年；从那时起，他们将自己看成是宇宙中无意义的碎片，断绝了自己和源头及他人之间的联系。

只要你认同思维，也就是说，只要你处于无意识状态，痛苦就不可避免。在这里我主要指的是情绪上的痛苦，这也是造成身体上的痛苦和疾病的主要原因。怨憎、仇恨、自卑、内疚、愤怒、抑郁、嫉妒等，即使是最为轻微的不快都是痛苦的各种表现。并且，每一次的欢乐或情绪的高涨在其内部都隐含着痛苦的种子：痛苦是这些欢乐的不可分割的对立面，而这个对立面迟早会显化出来。

任何通过服用药物来获得快感的人都知道，这种"快感"最终会转变为"低潮"，欢乐终会转变成某种形式的痛苦。许多人从自己的经验中同样能体会到，爱情关系是多么容易而快速地从快乐之源转变成痛苦之源。从一个更高的角度来看，正、负两极是一体两面的，都是潜在痛苦的一部分，而这种潜在痛苦与思维认同的小我意识状态是如影随形的。

你的痛苦有两个层次：现在产生的痛苦，以及过去产生的但现在仍遗留在你的思维和身体内的痛苦。停止创造当下的痛苦并且瓦解过去的痛苦——这是我下面将要谈的内容。

第二章
意识：摆脱痛苦的途径

别在当下制造更多的痛苦

> 没有人能够完全摆脱痛苦和悲哀。难道我们不应该学会与痛苦共存,而不是去摆脱痛苦吗?

人类的很大一部分痛苦是没有必要的。只要让未被觉察的思维控制着你的生活,痛苦就会自然而然地产生。

通常,当下所产生的痛苦都是源自对现状某种形式的不接受、某种形式的无意识抗拒。从思维的层面来说,这种抗拒以批判的形式存在;从情绪的层面来说,它又以负面情绪的形式显现。痛苦的程度取决于你对当下的抗拒程度以及对思维的认同程度。思维通常否认当下,并试图逃离当下。换句话

>人类的很大一部分痛苦是没有必要的。
>只要让未被觉察的思维控制着你的生活，
>痛苦就会自然而然地产生。

说，你越是认同自己的思维，你就越感到痛苦。或者可以这样说：你越是接受当下，你受的苦就越少，也越能从小我思维中解脱出来。

为什么思维会习惯性地否认或抗拒当下呢？因为在没有时间（过去和未来）的情况下，它无法发挥自己的作用并对你进行控制，所以它视当下时刻为威胁。实际上，思维和时间是密不可分的。

想象一下：地球上没有人类，只有动物和植物。这时，仍会有过去和未来的存在吗？这时我们仍然能以任何一种有意义的方式来谈论时间吗？"现在几点？""今天是几号？"问这种问题将会是毫无意义的，橡树或鹰可能会被问傻了！它们可能会说："现在几点？现在就是现在啊！除此之外还会有什么呢？"

是的，在这个世界上我们需要时间和大脑来生活，但是，当它们控制了我们的生活时，痛苦和悲哀就产生了。

为了维持控制，思维不断地利用过去和未来来掩盖当下时刻，从而与当下密不可分的本体的生命力和无限创造潜力就被时间掩盖了，而你的真实本性也被思维混淆了。人类思

第二章
意识：摆脱痛苦的途径

> 在这个世界上我们需要时间和大脑来生活，但是，当它们控制了我们的生活时，痛苦和悲哀就产生了。

维中不断积累的时间负担越来越沉重。所有的人都在这种负担下受苦，但是他们又忽视或否认当下这一宝贵的时刻，或认为当下是实现未来目标的一种手段，而未来其实只存在他们的大脑中，是不现实的——人们就这样不断地增加这种负担。人类集体与个人大脑中积累的时间里，也存在了很多过去的残余痛苦。

如果你不想再为自己和他人创造痛苦，不想再增加你心中过去的痛苦，那么请你不要再创造时间，或者至少不要创造除了做必要事情之外的时间。如何停止创造时间呢？请你务必认识到，当下时刻是你所拥有的一切，把你的生活重心完全放到当下这一刻，把你先前在时间内流连并短暂地访问当下时刻的做法改为关注当下时刻，只在必要时简单地回顾过去和展望未来。永远对当下说"是"。有什么比对已然存在的东西进行内在的抗拒更徒劳、更疯狂的吗？有什么比反对生命本身，也就是当下，而且永远是当下，更疯狂的吗？向"是"臣服，对生活说"是的"，看看生活是如何为你服务而不是与你为敌的。

请你务必认识到，当下时刻是你所拥有的一切，把你的生活重心完全放到当下这一刻。

§

有时当下时刻是令人无法接受的，令人痛苦的或者可怕的。

观察大脑是如何为当下时刻贴上标签以及这个贴标签的过程（也就是不断地批判）是如何创造了痛苦和不幸。通过观察思维的活动，你就能够摆脱抗拒的模式，然后还可以允许当下时刻的存在。这将会使你体验到不为外境所困的内心自由，一种真正的内心的宁静状态。然后，再观察发生了什么事情，并采取必要的或可能的行动。

接纳，然后采取行动。不管当下时刻的情况怎样，心甘情愿地接受它，就像它是你选择的一样。总是与它共事，而不是抗拒它，使它成为你的朋友和盟友而不是敌人。这将会不可思议地改变你的整个生活。

§

瓦解你的痛苦之身

除非你能拥有当下的力量，否则你所体会到的每一个情

第二章
意识：摆脱痛苦的途径

> 当痛苦之身即将从休眠状态中被激活时，即使是一个念头或与你关系密切的人的一句不经意的话，都有可能激活它。

绪痛苦都会残留一部分，继续在你体内存活。它会与你过去已经存在的痛苦合并，并在你的大脑和身体内扎根。当然，过去的痛苦也包括你孩提时遭受的痛苦，这是因为这个世界的无意识造成的。

　　这种积累起来的痛苦是一个消极的能量场，占据着你的大脑和身体。如果你将它视为存在于你体内的无形的实体，那你就离真理不远了。它就是你情绪的痛苦之身。痛苦之身有两种存在模式：休眠和活跃。在90%的时间内，它可能在你的体内都是处于休眠状态；但是，对一个极端不快乐的人来说，他的痛苦之身可能会100%地处于活跃状态。有些人可能完全生活在痛苦之身的状态下，而有些人则可能偶尔感受到它，比如失恋或与过去的痛苦、失落、身体或情感上的伤害等相关联的情况。任何事情都有可能引发痛苦之身，尤其是当它与你过去的痛苦产生共鸣时。当痛苦之身即将从休眠状态中被激活时，即使是一个念头或与你关系亲密的人的一句不经意的话，都有可能激活它。

　　有些痛苦之身像个吵闹不休的孩子，虽然令人不愉快，但是它的害处相对较小；而有些痛苦之身则非常邪恶，像具有毁灭性的怪兽，或是像恶魔一般。有些会引起身体上的不适，更多的则是引起情感上的不安。有些会攻击你周围与你亲密的人，而有些则会攻击你自己。然后，你有关生活的想法和感情会变得消极并具有自我毁灭性。疾病和意外往往就是这样产生的，有些痛苦之身甚至会驱使遭受它折磨的人去自杀。

你本以为你了解某人，但某天你突然碰到的他却变成了一个陌生的、狰狞的野兽，这会让你感到非常吃惊。然而，这时关注自己的内在比关注对方来得更重要。观察你内心任何痛苦的迹象，它的表现形式可能是：愤怒、烦躁、忧郁、伤害他人的欲望、生气、沮丧、想在个人关系中制造冲突的冲动等。在它刚从休眠状态被激活的那一刻，你就应该注意到它。

痛苦之身要在你的体内生存，就像其他任何一个实体一样，如果你无意识地被它控制，它就能存活下来。然后，它会控制你，变成你，并经由你而活出它自己。它需要从你的体内获取"食物"。它以任何与它能量共振的经历或各种形式创造的痛苦为"食"，这些形式有愤怒、沮丧、恨、哀怨、感情冲突、暴力，甚至是疾病。当它控制你时，它会在你的生活中创造一种经常能激活它能量的情况，以便它继续生存。痛苦只能以痛苦为食，它不能享用欢乐。欢乐对它而言是难以下咽的。

第二章
意识：摆脱痛苦的途径

> 痛苦之身害怕被你发现。它的生存取决于你对它无意识的认同，以及你面对内在痛苦时，那种无意识的害怕。

一旦你被痛苦所控制，你会想要更多的痛苦。这时你会成为受害者或者迫害者：你要么为别人制造更多的痛苦，要么受痛苦的折磨，或者两者皆是。实际上，这两者没什么太大的区别。当然，你不会意识到这点，你可能还会说你不要遭受痛苦。但是，如果你仔细观察的话，你会发现自己的思想和行为都在不断地使自己和别人更加痛苦。如果你真正意识到了这一点，这种思维和行为模式就可能会消失。

痛苦之身其实是小我投射出来的阴影，它很害怕你的意识之光。因为一个正常的人是不想受更多的苦的，除非他病了。痛苦之身害怕被你发现。它的生存取决于你对它无意识的认同，以及你面对内在痛苦时，那种无意识的害怕。但是，如果你不面对痛苦，不努力把意识之光带进痛苦中，你将会被迫一次又一次地激活你的痛苦之身。痛苦之身对于你来说就像一个危险的怪物，你甚至不敢直视它。但是我可以肯定地说，它只是一个幻觉，它在你临在的力量下没法存活。

很多心灵导师说，所有的痛苦实际上都是一种幻觉，这是真的。问题是：对你来说，这是真的吗？你单凭这样的信念并不会让你从痛苦中解脱。你愿意在你的余生都遭受这种痛苦，然后还坚持说它只是一个幻觉吗？那样你就可以远离痛苦吗？在这里我们所关注的是，你要如何实践这个真理——也就是说，如何让痛苦从你自己的生活中消失。

所以，痛苦之身不希望你直接去观察它并认清它。当你观察它，感觉到它在你体内的能量场并关注它时，那种无意识的认同就已经被打破了。这时，一种更高的意识状态产生了，我称它为"临在"（presence）。现在你是这个痛苦之身的见证人或观察者。也就是说，它不会再控制你、假装是你，或在你的体内获取新生的能量了。你已经发现了你自己内在的强大力量，你已经获取了当下的力量。

当我们有足够的意识来突破对痛苦之身的认同时，它将会变成什么样子呢？

无意识创造了它，意识将它变回原形。圣保罗优美地说出了宇宙的原理："万物在光明下无所遁形，同时万物在光的照耀下都会转化成光。"就像你不能向黑暗宣战一样，你不能向痛苦之身宣战，这样做只会引发内心的冲突并创造更深的痛苦。所以观察它就足够了。观察它意味着接纳它成为当下时刻事实的一部分。

痛苦之身由受困的生命能量构成，这种能量是从你总的生命能量中分离出来的，它通过思维认同的反自然过程暂时地取得自治权。它变得反对生命，就像动物试图去追自己的

第二章
意识：摆脱痛苦的途径

> 请保持临在状态，对痛苦保持关注，守卫你的内在空间。你需要充分地保持注意力，才能直接地观察痛苦之身并感受它的力量。这样，它就无法再控制你的思维了。

尾巴一样。你知道我们的文明为什么已经变成了一种自残的文明吗？但是即使自残的力量也仍然是生命的能量。

当你开始不再认同痛苦之身，而成为观察者时，痛苦之身还会继续挣扎一段时间，同时还会试图让你再度认同它。虽然你不再通过认同它而给它能量，但是它还是会保持一定的动能，就像转动的轮子一样，即使你不再推它，它也会因为惯性继续转动一会儿。在这个阶段，它可能还会在你身体的不同部位制造一些疼痛或不适，但是这些痛苦不会持续很久。请保持临在状态，对痛苦保持关注，守卫你的内在空间。你需要充分地保持注意力，才能直接地观察痛苦之身并感受它的力量。这样，它就无法再控制你的思维了。当你的思维被痛苦所控制时，你就会再次与它认同，而痛苦之身就会再次通过你的思维获得生存。

比如说，如果愤怒一直左右着你的思维，你不停地在想别人对你做的事，或你将要对别人做的事，这时你就无意识地被痛苦所控制了，痛苦之身又成了"你"。在有愤怒的地方，通常就有痛苦埋伏在其下。或者，当你心情不好时，你开始有了很多消极的思想，并不断地想你的生活是多么糟糕，这时你的想法就和痛苦之身结合，你就会无意识地被痛苦所控制，也很容易遭受痛苦之身的攻击。此处我所说的"无意识"，是指对某个思想或情绪模式的认同，它隐含的意思是：观察者的完全缺席。

持久而有意识的关注切断了痛苦之身和思维之间的桥梁，它会带来转化。也就是说，痛苦成为你意识火焰的燃料，结果是意识之火燃烧得更加猛烈。这就是古代炼金术的深奥意义：将金属变成金子，将痛苦转化成意识。内部的分裂被治愈，你又成为圆满的。这样，你接下来要做的就是不再创造更多的痛苦。

我来总结一下这个过程：将注意力集中在你内心的感受上，了解到这就是痛苦之身并接受它的存在；别去想它，别让你的感受变成大脑和思维，不要去判断或分析它，别在其中寻找你自己的身份认同；保持临在，继续观察你的内在；不仅要觉知到你情绪上的痛苦，更要觉察那个沉默的观察者。这就是当下的力量，这就是你自己有意识的那种临在的力量。然后，请看看接下来会发生什么事情。

§

对许多女性来说，在经期前她们的痛苦之身最容易被惊醒。在后面的章节里我将会对此做详细的讨论。现在，我要

第二章
意识：摆脱痛苦的途径

> 你可能宁愿在痛苦中，与痛苦之身认同，也不愿冒风险去丢失你熟悉的不幸自我而跃入一个未知之中。

说的是：如果你在那时能保持警惕和临在，并能观察你的内心感受而不是被它所控制，你就有可能迅速转化你过去所有的痛苦。

§

小我对痛苦之身的认同

我刚刚描述的这个过程非常有力，也非常简单。孩子也可以学习这个过程，希望有一天这将成为孩子在学校里所学到的第一件事。一旦你理解了这个原则或可以对比一下你内心所发生的事情，成为一个临在的观察者，并且实际地去验证它，你将会拥有最强有力的摆脱痛苦的转化工具。

我们并不否认，当你不再认同你的痛苦之身时，你会遭受强烈的内在抗拒，特别是如果你大半生都强烈地与你的痛苦之身认同，并且从中汲取自我感的话，就更是如此。也就是说你从你的痛苦中创造了一个不幸的自我，并且认为这个由大脑创造的幻觉就是你。在这种情况下，害怕失去自我认同的无意识恐惧，会强烈地抗拒任何摆脱这个思维认同的努力。换句话说，你可能宁愿在痛苦中，与痛苦之身认同，也不愿冒风险去丢失你熟悉的不幸自我而跃入一个未知之中。

如果你所遇到的就是这种情况，请观察你内心的这种抗拒，并观察你对痛苦的执着。一定要非常警觉。请观察你从痛苦中获取的兴奋快感，观察你想谈论它或是琢磨它的冲动。如果你对此有觉知的话，这种抗拒将会停止。这时，你可以关注一下痛苦之身，作为一个临在的见证者，并致力于它的转化。

只有你自己可以做这种事情，没有人可以替代你。如果你足够幸运能与意识很强的人在一起，并与他们一起感受临在的状态，这将会对你很有帮助。在这种方式下，你自己的意识之光会增强。如果我们把一块刚刚燃烧的木材放在另一块熊熊燃烧的木材旁边时，过一会儿即使它们分开，第一块木材也会燃烧得更猛烈。毕竟，火是相同的。心灵导师就充当了这种火的功用。有些超越了大脑层次而能创造并维持一种强烈意识临在的治疗师，也可以起到这样的作用。

恐惧的起源

你曾提到恐惧是我们情绪痛苦的一个基础部分。那

第二章
意识：摆脱痛苦的途径

么，恐惧是如何产生的，它又为何一直困扰着人们的生活呢？一定程度的恐惧是不是一种健康的自我保护呢？比方说，如果我不害怕火，我可能会将手放入火中而被灼伤。

你不将手放入火中的原因不是因为恐惧，而是因为你知道那样的话你的手会被灼伤。你不需要利用恐惧来避免没必要的危险——因为这只是一个最简单的常识。对于这些事情，运用过去所获得的经验就可以了。如果某人用火或暴力来威胁你时，你就会体验到恐惧之类的感觉了。这是一种逃避危险求得生存的本能，而不是我们在这里所谈论的心理上的恐惧。心理上的恐惧其实和任何具体的、真正迫在眉睫的危险无关。恐惧的表现形式有多种：不安、忧烦、焦虑、紧张、压力、畏缩、恐怖等。这种心理上的恐惧总是源于"可能会发生的事件"，而非"当下正在发生的事件"。你身处此时此刻，而你的思维却跑到了未来。这就创造了一种焦虑的鸿沟。如果你被你的思维控制并失去了当下的力量，这种焦虑的鸿沟就会与你相依相伴。当下的事情是你可以去应付的，但是你无法应付未来存于思维中的事情。

如我先前所提到的，只要你认同于你的思维，你的小我就会控制你的生活。由于小我的虚幻本质（即使它有精密的防御机制），小我通常很脆弱，很没有安全感。它会时时感到

> 其实，所有的恐惧都是源自小我对死亡、
> 毁灭的恐惧。对于小我来说，死亡无处不在。

自己身处威胁之下——即使小我外表看起来非常自信，实际情况也会如此。现在，请记住，情绪是身体对你思维的反应。身体从小我（大脑虚构的自我）一直收到的信息是什么呢？"危险，处于威胁之中。"这时，这种信息所创造的情绪又是什么呢？当然是恐惧。

看起来，造成恐惧的原因有许多种，害怕失去、害怕失败、害怕受伤害等。其实，所有的恐惧都是源自小我对死亡、毁灭的恐惧。对于小我来说，死亡无处不在。在这种思维认同的状态下，对死亡的恐惧影响着生活的方方面面。即使是一件微不足道的平常小事，像在与别人的争论中迫切地希望打败对方，以证明自己是对的，都是由于小我对死亡的恐惧而引起的。如果你认同自己的观点，当出现错误的时候，你这种以思维为基础的自我感觉就会受到死亡的严重威胁。所以你的小我不能承认错误，错误就等于死亡。很多战争就因此而起，无数的人际关系也因此而破裂。

一旦你不再认同你的思维，不管你是对还是错，对于你的自我感觉来说都没有区别，所以那种迫切希望胜过对方的欲望，以及深深地希望自己是正确的那种无意识状态（其实

第二章
意识：摆脱痛苦的途径

> 我们在恐惧的两极之间徘徊，一端是焦虑和害怕，另一端是隐约的不安和威胁感。

是某种形式的暴力）将会消失。你可以清晰并坚定地说出自己的感受和想法，但是不用攻击或防卫。在这种情况下，你的自我感来自你内在的一个更深、更真实的地方，而不是来自你的思维。请观察你内在的任何一种防卫感——你在防卫什么呢？一个虚幻的身份，一个思维创造出来的形象。对这个模式保持觉知并观察它，这样你就会从这种思维认同模式中解脱出来。在你的意识之光下，这种无意识的模式很快就会投降了。这就是所有争论和权力斗争的终结，这些争论和权力斗争对人类关系的破坏力极大。想要凌驾他人之上的人，只是用权力掩饰软弱。真正的力量是在你的内心深处，而此刻你就已经拥有了它。

所以任何被思维控制的人，就是与真正力量脱节的人，时时刻刻都会有恐惧相随。能够超越思维的人数量极少，所以你可以推测，你遇到的或认识的每一个人几乎都生活在恐惧的状态下，只是恐惧的程度不同而已。我们在恐惧的两极之间徘徊，一端是焦虑和害怕，另一端是隐约的不安和威胁感。只有当情况变得严重时，大部分人才能意识到这点。

> 人们通常会不由自主地去追求一种自我的满足感和可供认同的事物,以便弥补他们内在感到的空虚。

小我对圆满的追寻

与小我思维不可分离的情绪痛苦的另一种表现,是一种深深的缺乏感或不完整感。有些人意识到了这一点,而有些人则没有。如果意识到了这点,这种感觉就是不安、无价值感或自己不够好的感觉。没有意识到这点的人,就会间接地感觉到强烈的欲望和需求。不管是以上哪种情况,人们通常会不由自主地去追求一种自我的满足感和可供认同的事物,以便弥补他们内在感到的空虚。他们拼命追求财富、成功、权力、名望或者一种特殊的关系,这样他们能自我感觉更好一些,感觉更圆满一点。但是,即使他们拥有了这些东西,这种内在的空虚仍然存在,并且还是个无底洞。然后,他们真正地陷入麻烦之中,因为他们不能再逃避了。当然,他们还是可以逃避,但是逃避将变得更加困难。

只要这种小我思维控制着你的生活,你就不会真正得到安逸;即使你获得了你所期望的东西,实现了你的理想,你还是不会处于平静的状态,即使有,也是短暂的。由于小我是一种衍生出来的自我感觉,所以它需要认同于外在事物。

第二章
意识：摆脱痛苦的途径

它需要不断地被维护和喂养。最常见的自我认同与财产、工作、社会地位、名望、知识和教育、外表、特殊技能、人际关系、个人和家族历史、宗教信仰、种族等其他集体认同有关。所有这些都不是真正的你。

你觉得很震惊吗？或是知道这些反而让你感到松了一口气？你迟早会放弃所有这一切的。或许你会觉得这一切难以置信，但你迟早会知道有关它的真理。至少当你感到死亡即将来临时，你就会知道它。因为死亡来临时，会带走所有不能代表你的东西。生命的秘密在于："在你死亡之前死亡"——并发现原来根本没有死亡。

第三章
深深地进入当下

THE
POWER
OF NOW

别在思维中寻找你自己

> 在我开悟或变得完全有意识之前,我觉得我仍然需要更多地了解大脑工作的方式。

不,你不需要。有关大脑的问题不能在大脑的层面中得到解决。一旦当你理解了基本的思维障碍后,你就没必要再了解或理解太多。对大脑复杂性的研究会使你成为一个很好的心理学家,但是它不会使你超越大脑,就像研究疯狂不足以创造理智一样。你已经理解了无意识状态的基本原理:思维认同。它创造了一个虚假的自我,也就是小我,而这个虚假的自我替代了你真正的自我。你真正的自我是根植于本体之中的。如耶稣所说:"你变成了从

> 小我的需求是无止境的。它感到自己很脆弱，容易受到威胁，所以它一直生活在一种恐惧和缺乏的状态中。

葡萄藤上砍下来的一根枝蔓。"

小我的需求是无止境的。它感到自己很脆弱，容易受到威胁，所以它一直生活在一种恐惧和缺乏的状态中。一旦你了解了这一点，你就不需要探索它所有的表现形式，也没必要将它转化成复杂的个人问题。当然，小我喜欢你这样做。它通常会寻找一种依托以便加强支持它虚幻的自我感，并且总是将自己和你的问题联系在一起。对于大部分人来说，这就是他们的自我感觉与他们的问题紧密联系在一起的原因。一旦这种情形发生了，他们最不愿做的一件事就是从他们的问题中解脱出来，因为这意味着自我感的丧失。所以，小我喜欢你无意识地大量投资在痛苦和苦难中。

因此，一旦你认识到无意识的根本原因是思维认同（当然还包括情感认同），你就可以逐步走出这个阴影了。你可以进入当下，这时，你就会允许思维的存在而不陷入思维之中。大脑本身是没有什么问题的，它是一个很好的工具。但是如果你从大脑思维中寻找你自己并误认为它就是你，那它就会变成一种小我的思维，并且控制你的整个生活。

第三章
深深地进入当下

终结时间的幻象

我们似乎不可能从思维认同中解脱出来。我们都沉浸在思维之中。你怎能教鱼学会飞翔呢?

这就是问题的关键所在。请终结这种时间的幻象吧。时间和思维是密不可分的。从思维中去除时间,思维就会停止——除非你选择去运用它。

当你与思维认同时,你就陷入了时间的陷阱:你会不由自主地完全生活在对过去的回忆和对未来的期待之中。这样你的心思会完全被过去和未来占据,而不愿意接纳当下时刻,并容许它存在。过去可以赋予你一个身份,而未来代表了解脱的希望或任何一种形式的满足,因此你会强迫性地认同它们,但实际上这两者都是幻象。

但是如果没有时间感,我们将如何在这个世界上生存呢?我们不会再有任何可追求的目标。我甚至不知道我是谁,因为过去造就了今天的我。我认为时间是非常珍贵的东西,我们需要学会善于利用它,而不是浪费它。

时间一点儿也不珍贵,因为它仅仅是一种幻象。你认为珍贵的东西不是时间,而是不在时间内的那一点,即当下。实际上,当下才真正的珍贵。你越关注时间——过去和未时间一点儿也不珍贵，因为它仅仅是一种幻象。

来，你就会越多地错过当下。当下才是最为珍贵的东西。为什么？首先，因为它是唯一真正存在的东西，你的整个生命就是在这个永恒当下的空间中展开的，而这个永恒当下是唯一不变的常数。生命就是此刻，你的生命从来不会不在此刻，未来也不会。其次，当下是唯一可以带你超越有限大脑的切入点，也是唯一可以带你进入永恒的本体领域的关键。

任何事物都不能存在于当下时刻之外

过去和未来难道不真实吗？它们有时看起来比当下更为真实。毕竟，过去决定了我们是谁以及我们现在的思维和行为，并且我们未来的目标决定了我们现在该采取的行动。

你还没有把握我所说的内容的实质，因为你在试着用大脑去理解它。大脑是不会理解的。只有你能，请专心地听就好。

你可曾在当下之外体验过、做过、思考过或感觉过什么东西？你认为你做得到吗？有什么事情能发生或者存在于当

第三章
深深地进入当下

> 没有任何事情可以发生在过去，所有的事情都发生在当下。也没有任何事情会发生在未来，所有的事情都只发生在当下。

下之外吗？答案很明显，不能。

没有任何事情可以发生在过去，所有的事情都发生在当下。

也没有任何事情会发生在未来，所有的事情都只发生在当下。

过去发生的事情是一个记忆的痕迹，它储存在大脑中，是过去的当下。当你记起过去发生的事情时，你就重新激活了那个记忆——而你是在当下做这件事情的。未来是一个幻象的当下，是思维对未来的投射。当未来来临时，它是以当下的方式到来。当你思考未来时，你也是在当下做这件事情。很明显，过去和未来本身没有现实性。就像月亮本身不会发光一样，它只能反射太阳光，所以过去和未来仅是永恒的当下的光线、力量和现实性的反映。过去和未来的现实性都是从当下借过来的。

我在这里所说的内容的本质通过大脑是不可能被理解的。但在你理解它的那一刻，你的意识就会从思维转变到本体，从时间转变到临在。突然，每件事都会充满活力，散发出本体的能量。

进入灵性殿堂的关键

在生命受到威胁的紧急情况下,意识会很自然地从时间转变到当下。那个有着过去和未来思维的人格会立即撤退,被强烈的临在意识代替,同时它会变得非常警惕和宁静。此时任何即时的反应都是从有意识的状态开启的。

有些人喜欢参加冒险性的活动,如爬山、赛车等,原因是这些活动迫使他们进入当下时刻——在这些高度紧张的时刻里,他们能从时间、从问题、从思维中解放出来。即使一秒钟不活在当下,都有可能面临死亡的威胁。不幸的是,为了进入这种当下时刻,他们必须依赖一种特殊的活动。其实你不必去攀登艾格尔峰,在当下,你就可以进入那种状态。

§

自古以来,各门各派的心灵导师都指出当下时刻是开悟的关键。尽管如此,它仍然是为人所不知的秘密。当然,教堂和寺庙是不会教这些东西的。如果你去教堂,你可能会听到这样的教导:不为明日思量,明日自有安排。"那些把手扶犁而频频回顾的人不适合进入上帝王国。"或者你可能会听到这样的篇章:美丽的花儿不会为明天而担忧,它们安逸地生活在永恒的当下,上帝赐予了其丰富的供养。

第三章
深深地进入当下

这些语句中所蕴藏的深刻、激进的本质并不为人所知。似乎没有人意识到，他们注定要在世上走一遭，好完成一个深刻的内在转变。

禅宗的本质就体现在"在当下的刀锋边缘上走路"——完全地进入当下就不会有问题，就不会有痛苦，在你本质中不是你的东西就不会在你之内生存。当下这一刻，当时间缺席时，你所有的问题都会消失。苦难只有在时间中才能存在，在当下它无法存活。

伟大的临济禅师为了把他的学生的注意力从时间中带出来，经常竖起一根指头慢慢地问道："当下，缺什么？"这是一个不需要大脑就能回答的强有力的问题，目的是让你将注意力集中在当下。禅宗的传统里还有一个类似的问题，那就是："若非当下，何时？"

§

汲取当下的力量

刚才，当你谈到永恒的临在和过去以及未来的非现实性时，我发现我正在观察窗外的树。在此之前我已经观察过了几次，但是这次却有所不同。外在的感觉没有发生多大的变化，只是树叶的颜色变得更亮、更具生命力，好像多了一个角度，这很难解释。我不知道如何去解释，但是我觉察到了我所感觉到的一种无形的东西，这些无形的东西是那棵树的本质，是它的内在精神，而且我是这个本质的一部分。现在我认识到，在这之前我并没有真正地看过这棵树，我之前所见到的只是这棵树的一个平面的、无生命的形象。当我现在再看这棵树时，那种特殊意识的一部分仍然存在，但是，我能感觉到它在逐渐地消失。你看，这种体验已经退去了，这种感觉可以长久些吗？

你是在一瞬间脱离了时间。你进入了当下时刻，因此你没有通过大脑去感知那棵树。这种对本体的觉知成为你感知的一部分。这种无时间意识逐渐成为一种认识，它不会扼杀存在于每个生物和每件事情中的灵性。这种认识并没有损坏生命的神圣与神秘，而是包含着对所有一切存在的深深的爱与尊重。大脑对这种认识是一无所知的。

大脑不会真正地认识树木，它仅知道有关树的事实或信息。我的大脑也不会认识你，它只知道有关你的特征、判断、事实和观点。只有本体才会直接地知道。

对于大脑和有关大脑的知识而言，它们在日常生活的实际领域中占有一席之地。然而，当它控制你生活中的一切层面时，包括你与别人以及与自然的关系时，它就会变成一种

第三章
深深地进入当下

> 如果想象的未来比现在更好，它会给你希望，或让你愉悦地期待；如果它比现在更糟，会让你焦虑——其实这两者都是幻象。

可怕的寄生虫，如果不加以控制的话，最终它会结束地球上所有的生命，并且通过结束它的主体而结束自己。

现在，你或许已经多少了解到了无时间状态可以如何转变你的感知。但是，光有体验是远远不够的，不管它是多么美好或深刻。我们所需要的和所关注的是意识层面的永久转变。

所以，请打破那种抗拒当下、否定当下的旧模式。请把对当下时刻的意识作为一种习惯，当不需要关注过去和未来时，把你的注意力从它们之中解放出来。在日常生活中，尽可能地从时间的意识中把自己解放出来。如果你发现很难直接进入当下时刻，那么请你从观察自己老想要脱离当下时刻的惯性开始。这样，你将会观察到，你总是把未来想得比现在更好或更坏。如果想象的未来比现在更好，它会给你希望，或让你愉悦地期待；如果它比现在更糟，会让你焦虑——其实这两者都是幻象。通过自我观察，更多的临在意识会自动地进入你的生活之中。在意识到你没有进入当下的那一刻，你就在当下了。任何时候，当你有能力观察你的思维时，你就不会再落入它的陷阱。这时,另外一个不属于思维的东西就来临了:观察者的临在。

保持临在,随时观察你的思维、想法、情绪以及在各种情况下你的反应。请多关注自己对各种人、事、物的反应,至少像你关注让你有反应的人或事情一样。同时关注你的注意力是否常常跑到过去或未来之中。不要去判断或分析你所观察到的内容,就只是观察你的想法,感受你的情绪,关注你的反应,而不要把它们变成个人问题。这样你将会感觉到一些比你所有观察到的更为有力量的东西:在思维背后,那个宁静的、观察的临在本身——宁静的观察者。

§

当某种情况引发强烈的情绪反应时——比如当你的自我形象受到威胁时,或者生活中的某个挑战引发你的恐惧时,或者当事情出错时,或是过去的一个情结被触发时——你就需要强烈的临在意识了。在这些情况下,你会容易变得无意识。对这些情况的反应或因这些情况而产生的情绪控制了你,你就变成了它。你还会因此采取行动,去责怪、攻击、防卫等。只是,它不是你。它是一种反应模式,是处于惯性求生状态中的思维。

思维认同给予了思维更多的能量,对思维的观察却能把能量撤回;思维认同创造了更多的时间,对思维的观察却能开启无时间的领域。而这些从思维中撤回的能量就会转变为临在。一旦你感觉到临在，你就能在实际生活中不需要时间的时候，更容易地从时间中解放出来，并更深地进入当下。这不会降低你利用时间——过去和未来——的能力，当你需要利用时间来完成实际事务时。这也不会降低你利用大脑的能力。实际上，它会加强大脑的能力。当你在用大脑时，它将会变得更为敏锐、更为集中。

摆脱心理时间

学着在你生活中的实际事务上利用时间——我们可以称这个时间为钟表时间，但是当这些实际事务被解决后，请立即回到当下的状态。这样，就不会创造出心理时间。所谓"心理时间"，就是认同过去，并且持续地、强迫性地投射到未来。

钟表时间不仅仅是用来安排约会或计划旅行的。它包括从过去中汲取经验教训，使我们不会一次又一次地犯同样的错误；包括设定目标并向其迈进；还包括以规律、法则、物理、数学模型等方式预测未来并从过去中汲取经验教训，同时在预测的基础上采取合适的行动。

即使在现实生活中我们离开了时间就不能做任何事情，当下时刻仍然起到关键的作用：任何从过去中汲取的经验都

> 任何计划以及与实现目标相关的活动
> 都是在当下时刻完成的。

与当下有关,并适用于当下。任何计划以及与实现目标相关的活动都是在当下时刻完成的。

开悟的人通常会将主要注意力集中在当下,但是他们对时间的关注仍然同时进行着。换句话说,他们会继续利用钟表时间,但是他们会将自己从心理时间上解放出来。

一方面,你在做这种修炼时要保持警惕,这样你就不会在不自觉的情况下,将钟表时间转变成心理时间。比如,你在过去犯了错误并在现在汲取了教训,这样你利用的就是钟表时间。另一方面,如果你在心理上不断地回忆你过去的错误,进行自我批评或感觉悔恨,这时你将错误融入了"我"以及"我的"之中:你将它变成了自我感觉的一部分,这时它就变成了心理时间。心理时间始终与错误的认同有关,不能宽恕意味着心理时间的沉重负担。

如果你为自己设定了目标并努力实现它,你是在利用钟表时间。你知道你的目标,但是你也全力地关注你在当下时刻所采取的行动。然而,如果你过于注重目标,或许因为你在寻找幸福或成就,成为一个更圆满的自我感,这时你就没有在关注当下了。当下失去了固有的价值,而沦为通向未来

第三章
深深地进入当下

> 当下时刻是你所能拥有的一切。从来没有一刻你的生命是不在当下的。

的踏脚石。这样钟表时间就变成了心理时间。这时,你生命的旅程不再是一场奇妙的探险,它变成了一个为了达到目标、获得成就的强迫性需要。你不会再看到路边的花朵或闻到它的芬芳,也不会觉察到存在于当下的围绕着你生命的美丽和奇迹。

§

我能看到当下时刻的重要性,但是你说时间完全是一种幻象,这点我不能同意。

当我说时间是一种幻象时,我不是要做一个哲学方面的陈述。我仅仅是要提醒你一个简单的事实——这个事实很明显,你会发现它很难理解,或许你还会发现它很没有意义,但是,一旦你理解了它的真正含义,它将会像一把利剑,穿透你的思维引起的各种复杂的问题。让我再重复一次:当下时刻是你所能拥有的一切。从来没有一刻你的生命是不在当下的。这不是事实吗?

消极心态和痛苦根植于时间之中

但是，相信未来会比现在好不一定是一种幻象。现在的情况可能很可怕，很糟糕，但是事情在未来可能会变得更好，并且情况通常是这样的。

一般来说，未来是过去的复制品。表面的变化是有可能发生的，但是真正的变化却很少发生，这主要依赖于你是否能充分地保持临在，并通过汲取当下的力量来解决过去的事情。你对未来的看法是你当下时刻意识状态不可分的一部分。如果你的思维背负着过去的沉重负担，未来你将会体验更多的相同负担。由于缺乏临在，过去会侵入你的思维。你在当下时刻的意识的质量影响着你的未来，而未来，当然只能在当下里经历。

你可能会赢得千万美元的大奖，但是这种变化是非常肤浅的。你只不过会在更为奢侈的环境中，继续地重复着你从小被制约的行为模式。人类已经掌握了核技术，以前用木棒只能杀死10个或20个人，而现在只要一个人按一下按钮就能杀死100万人。这是真正的变化吗？

如果决定未来的是你在当下时刻的意识质量，那么决定你意识质量的东西又是什么？是你临在的程度。所以真正能够发生变化以及瓦解过去的唯一地方，就是当下。

第三章
深深地进入当下

> 焦虑、紧张、不安、压力、烦恼——所有形式的恐惧,都是因为对未来过于关注而对当下关注不够所引起的。

✌

所有的消极心态都是由积累了心理时间以及对当下时刻的拒绝所引起的。焦虑、紧张、不安、压力、烦恼——所有形式的恐惧,都是因为对未来过于关注而对当下关注不够所引起的。愧疚、后悔、悲伤、怨恨、痛苦以及所有形式的不宽恕都是由过于关注过去而很少关注当下时刻引起的。

大部分人很难相信人可以完全从所有的消极心态中解放出来,然而这正是所有的灵性教材所指出的解脱状态。这种状态不是在虚幻的未来,而是在此时此地。

你可能很难认识到时间是造成你的痛苦和问题的原因,你认为痛苦和问题是由你生活中的一些特殊情况引起的。从传统的观念来看,这是对的。但是,除非你解决了大脑不断制造麻烦的功能失调问题,也就是它执意于未来而拒绝当下的问题,否则所有的麻烦都会换汤不换药地重复出现。如果造成你所有问题、痛苦、不幸的原因都在今天奇迹般地消失,但是你还是没有变得更为临在、更有意识,那你很快就会发现相同的问题或痛苦的原因又会如影随形般地出现在你身边。最终，问题只有一个：被时间所限的思维本身。

  我无法相信，我有朝一日能从我的问题中完全地释放出来。

  你是对的。你永远无法"达到"这种状态，因为你"已经"在那个时间点上了。那就是：现在！

  在时间中没有救赎。你无法在未来被释放，当下时刻才是你获取自由的关键，所以你只有在当下才能解脱。

在生活情境中寻找你的生命

  我不知道如何能在当下时刻获得解脱。事实上，此刻我的生活真的很不快乐。这是事实，如果我努力说服我自己，让自己认为事情不是像它看上去的那么糟糕，那我就是在自己骗自己。对我来说，当下时刻我非常不快乐；它完全不可能使我获得解脱。支持我继续生活下去的是未来改善的希望或可能性。

  你自认为你的注意力聚焦于当下，而实际上，它完全被时间所控制。你是不可能既不快乐又完全地临在于当下的。

  你所提到的生活，应该更为准确地被称为"生活情

第三章
深深地进入当下

境",这是心理时间:过去和未来。过去发生的一些事情没按照你的意愿来发生,你仍然在抗拒过去所发生的事情,而你现在又在抗拒当下的本然(what is)。促使你不断向前迈进的是希望,但是希望会使你将注意力集中在未来之上,而这种对未来的关注会促使你否定当下,因此造成你的不快乐。

确实,我目前的生活情境是过去所发生事情的结果。不过,它仍然是我现在的状态,而受困其中就是我不快乐的原因。

暂时忘却你的生活情境并将注意力集中在你的生命上。

这两者有何区别呢?

你的生活情境存在于时间之中。
你的生命则是在当下。
你的生活情境是思维创造出来的。
你的生命则是真实的。
找到通向生命的窄门,那就是所谓的当下。将你生命的重点集中在当下。你的生活情境可能会充满问题——大部分的生活情境都是这样的——但是,请你在此刻找出你的问题,不是明天或10分钟后,而是现在就找出问题。你在此刻有什么问题吗?

> 当你脑子里充满问题时，新的事物或问题的解决方案就无法进入你的大脑。

当你脑子里充满问题时，新的事物或问题的解决方案就无法进入你的大脑。所以，你应该随时为新的事物或问题的解决方案腾出一定的空间，这样你就会发现在生活情境之下的生命。

请充分地利用你的感官。定静在原处，环顾四周，但只是看就好，不要去做任何的分析与解释。观察一些光线、形状、颜色、质感等。关注每个东西宁静的临在，关注那个容许所有事物存在的空间。倾听声音，但不要去判断它。聆听声音之下的宁静。触摸一些东西，任何东西，并感觉和认可它们的存在。观察你呼吸的节奏，感觉空气的流入流出，感觉在你体内的生命能量。允许外在和内在所有事物的发生，接受万物的"本然面目"（isness），深深地进入当下。

这样，你将会远离时间和意象错乱的可怕世界。这样，你会逐渐摆脱消耗你生命能量的病态的思维，它此刻正在慢慢地毒害和破坏这个地球。你从时间的睡梦中觉醒，进入了当下时刻。

第三章
深深地进入当下

所有的问题都是思维的幻象

我感觉好像一个沉重的负担被卸下来了，顿时浑身轻松。我感觉很清新，但是仍然还有许多问题在等待着我，不是吗？它们都还没有得到解决，我难道不是在暂时地逃避这些问题吗？

如果你发现你自己身处天堂之中，用不了多久，你的大脑就会说："是的，但是……"最终，这与解决你的问题无关，而是要认识到现在没有任何问题。只有一些需要在当下处理掉，或者顺其发展并把它看作是当下本然面目一部分的某些情境，直到它们发生变化了或可以处理了，才去采取行动。问题是思维创造的，它们需要时间来生存。在当下时刻的现实情况下，它们无法生存。

现在，把你的注意力集中在当下，然后告诉我，此刻你还有什么问题。

§

我没得到任何答案，因为当你的注意力完全集中在当下时刻时，你不可能有任何问题。一个情境出现时，我们要么是去应付它，要么就是去接受它，对它说"好的"。为什么要把它转变成问题呢？为什么要将任何事情都转变成问题

> 你大脑中背负着100件你在未来将会或必须做的事情的重担，却没有将注意力集中在一件你现在就能做的事情上。

呢？难道生活中的挑战还不够多吗？你需要问题来做什么呢？思维会无意识地喜欢上问题，因为它们给你某种身份的认同。这是正常的，同时也是病态的。"问题"的意思是，你在心理上不断地琢磨某种情况，而没有真正地在当下采取行动，并且你还无意识地将它变成你的自我感的一部分。你被你的生活情境所累倒，以至于丧失了对生命的感觉、存在的感觉。或者，你大脑中背负着100件你在未来将会或必须做的事情的重担，却没有将注意力集中在一件你现在就能做的事情上。

当你创造了一个问题时，就创造了一分痛苦。所有的解决方案就是一个简单的选择，一个简单的决定：不管发生了什么事情，我不会再为我自己创造更多的痛苦。我不会再创造任何的问题了。虽然这只是一个简单的选择，但是它同样也是一个非常激进的选择。除非你内心真正厌倦了痛苦，而且受够了痛苦，你才会做出这种选择；除非你能汲取当下的力量，否则你也无法坚持下去。如果你不再为自己创造痛苦，也就不会再为别人创造痛苦，更不会再消极地制造问题来污染这个美丽的地球、你的内心世界和人类的集体心灵。

第三章
深深地进入当下

> 在真正的紧急情况下,思维停止了;你完全临在于当下,被一种更为有力的东西接管了。这就是许多普通人突然能够做出令人难以置信的事的原因。

§

如果你曾经处于生死关头的紧急情况,你就会知道那不是个问题。思维没有时间来使它成为一个问题。在真正的紧急情况下,思维停止了;你完全临在于当下,被一种更为有力的东西接管了。这就是许多普通人突然能够做出令人难以置信的事的原因。在任何紧急的情况下,你要么生存,要么死亡。无论何者,它都不是一个问题。

当我说问题是一种幻象时,有些人可能会生气,因为"他们是谁"的感觉受到威胁了。他们将大量的时间投入在一种虚假的自我感上。多年以来,他们无意识地将自我认同与他们的问题和痛苦结合起来。如果没有了这些问题和痛苦,他们将会是谁呢?

人们所说的、所思考的、所做的很多事情实际上都源自恐惧,当然,这还与他们对未来的关注以及与当下时刻的脱离有关。如果当下没有问题,那么也就没有恐惧。

如果出现了你现在就需要解决的问题,而你的行动是产生于当下的觉知，那么它们就会很果断，很清晰，并更有效。这种反应不是来源于你过去的思维模式，而是来源于对问题的直觉反应。在其他情况下，如果被时间限制的思维做出了反应，你就会发现：什么都不做，在当下归于中心反而更有效。

意识演化过程中的重大跃进

> 我已经短暂地体验了你所说的从思维和时间中解脱的状态，但是过去和未来的力量如此强大，我不可能很长久地摆脱它们。

被时间限制的意识模式深深地根植于人类的心灵之中。我们现在在这里所做的，正是这个星球集体意识正在经历的深刻转变的一部分——从物质、形式和分离的梦中唤醒意识。时间好似终结一般。我们正在打破多个世纪以来控制人类生活的思维模式，这种思维模式已经创造了大规模的人类无法想象的痛苦。我没有用"邪恶"这个词。我想，称它为无意识或病态会更有助于我们了解。

> 这种对陈旧意识模式或无意识模式的突破，是我们必须做的，还是将来会发生的呢？我的意思是，这个变化是不可避免的吗？

第三章
深深地进入当下

> 如果你正在做的事情无法让你感受到喜悦、自在和轻松，这并不意味着你需要改变你正在做的事情，你需要改变的是你做事的方式。

这是一个视角的问题。做和发生实际上是一个过程，因为你是一个有完全意识的人，你不能将这两者分开，但是我们不能绝对地保证人类将会成功。这个过程不是不可避免的，也不是自动发生的。你的合作是这个过程的关键。然而当你仔细看时，你会发现这是意识演化过程中的量子跳跃，也是人类作为一个物种生存下去的唯一机会。

本体的喜悦

你可以用一个简单的标准来判断自己是否被心理时间所控制了。问自己："我现在正在做的事情是否让我感觉喜悦、自在和轻松呢？"如果不是，当下时刻就被时间控制了，并且生命因此被视为一个负担或一种挣扎。

如果你正在做的事情无法让你感受到喜悦、自在和轻松，这并不意味着你需要改变你正在做的事情，你需要改变的是你做事的方式。如何做事通常比做什么事更为重要。试试看，如果你将注意力更多地放在你正在做的事情上，而不是放在

> 当你不再迫切地想逃离当下，本体的喜悦就会进入你所做的每一件事情之中。

通过做这件事所取得的结果上，会发生什么情况。请将你的注意力全部集中在当下所发生的情况上。这意味着你同样完全接受当下时刻的事实，因为你不可能在完全关注某事的同时又去抗拒它。

只要关注当下时刻，你所有的不快乐和挣扎就会消失，你的生活也会充满喜悦和安逸。只要你以当下的觉知来采取行动，无论你做什么，它都会充满美德、关怀和爱——即使是一个最为简单的行动。

§

所以请不要担心你行动的结果——仅仅关注行动本身就好了。行动的结果会自然而然地产生。这是一个非常有效的灵修方法。现存最古老、最优美的灵性教导《薄伽梵歌》(*Bhagavad Gita*)，将对行动结果的不执着称为业力瑜伽(Karma Yoga)。它也被描述成"神圣的行动"。

当你不再迫切地想逃离当下，本体的喜悦就会进入你所做的每一件事情之中。当你的注意力转向当下的那一刻，你会感觉到临在、宁静和平和。你不会再为了成就和满足而依

第三章
深深地进入当下

赖未来——你不再将未来视为救赎。因此,你将不执着于结果。失败或成功都不会改变你本体的内在状态。你已经发现了生活情境之下的生命了。

在没有心理时间的情况下,你的自我感源于本体而不是你的过去。在这个世界上,在你的生活情境层面,你可能会变得很富有,知识很丰富,很成功,很自由,而在更深的本体状态里,你是圆满和完整的。

> 在这种圆满的状态中,我们是否仍然还能或愿意追求外在的目标?

当然可以,但是你不会去幻想未来有任何事情或任何人将拯救你或使你开心。就你的生活情境而言,你可能还是需要得到或要求一些东西,因为这是一个有形有相的、有得有失的世界。而在更深的层次里,你已经是一个完整的人了。当你能意识到这点时,在你所做的事情里将会有欢乐的能量。从心理时间中解放出来后,你将不再受恐惧、愤怒、不满等的驱动而去追求你的目标,也不会因面对失败的恐惧而变得消极。

当你更深的自我感是来自本体,而你也从心理需求的上瘾症中走出来时,无论是你的快乐或自我感都不取决于事情的结果,因此你可以说是从恐惧中解脱了!你不会在一个无常的世界中追求永恒,因为它是一个有形有相、有得有失、有生有死的世界。你不会要求情境、状况、地点或人物让你快乐，如果它们未能达到你的要求你就痛苦。

尊重每一件事，却又不在乎这一切。身体形式有生和死，但是你意识到了处于形式之下的永恒的东西。你知道真理是不会受到威胁的。

当这变为你的存在状态时，你怎会不取得成功呢？你已经成功了。

第四章
思维逃避当下的策略

丧失当下时刻：幻象的核心

> 即便我完全接受"时间是一种幻象"这一观点，那么这又会对我的生活造成什么样的影响呢？我仍然必须生活在一个完全由时间控制的世界里。

你的思维同意这种观点，对你来说这只是一种信念而已，并不会对你的生活产生多大的影响。你只有亲自去实践，才能真正体会到这个真理。当你体内的每一个细胞都处于当下并能感受到生命的律动，同时，当你能感觉到生命的每一刻都如此愉悦时，那么我可以说你已经从时间中解脱了。

但是明天我仍然需要支付我的账单，而且我还会像其他人一样不断地变老并最终死亡。所以，我怎么能说我从时间中解脱了呢？

明天的账单不是问题，身体的衰老也不是问题，失去当下时刻才是真正的问题。或者当核心的幻象将一个简单的情况、事件或情绪变为一个个人的问题乃至痛苦时，这才是个问题。丧失当下时刻就是丧失本体。

从时间中解脱就是：从你在过去中寻找认同感的心理需要以及在未来寻找满足的心理需要中解放出来。这是一个你所能想象的最为深刻的意识转变。在极少数的情况下，这种意识的转变会发生得很戏剧化、很彻底，并只一次就能完成。它通常是在人们感受到剧烈的痛苦并且对痛苦臣服时发生。不过大多数的人必须下很大的功夫才能达到。

当你初步觉察到无时间的意识状态时，你就会在时间和临在两者之间不断地徘徊。首先，你会觉察到你的注意力极少地放在真正的当下时刻。但是，你能觉察到你没有真正地活在当下，就是一个伟大的成功：这种觉察就是临在——即使它开始时仅持续短短的几秒钟。然后，慢慢地，随着你这种当下意识的逐渐增强，你就会逐渐地将你的注意力集中在当下，而不是集中在过去和未来，并且，任何时候当你意识到你没有将注意力集中在当下时，你就已经进入了当下。这

第四章
思维逃避当下的策略

> 从时间中解脱就是：从你在过去中寻找认同感的心理需要以及在未来寻找满足的心理需要中解放出来。

种过程不仅持续几秒钟，还会持续更长的时间。所以，在你完全进入当下之前，也就是说在你能够保持完全有意识的临在之前，你会在意识和无意识之间、临在的状态和思维认同的状态之间徘徊一段时间。每当你丧失当下时刻时，就一再地回到当下，这样不断地重复。最后，临在会成为你的主要意识状态。

对于大部分人来说，临在意识永远不会或只会在极少数的情况下才能被体验到。大部分人并不是在意识和无意识之间徘徊，而是在不同程度的无意识中徘徊。

一般的无意识和深层的无意识

你所谓的不同程度的无意识状态是什么意思？

你或许知道，在睡觉时，你是在无梦状态和有梦状态中不断地转换。与此相似的是，大部分清醒的人也仅仅在普通的无意识状态和深层的无意识状态中来回转换。普通的无意识状态指的是你认同于你的思考过程、情绪、反应、欲望和

普通的无意识状态指的是你认同于你的思考过程、情绪、反应、欲望和好恶。这是大部分人所处的正常状态。

好恶。这是大部分人所处的正常状态。在这种状态下,你被你的自我思维所控制并且你还意识不到本体,这不是一种剧烈痛苦或不快乐的状态,但是你会有持续的、轻微的不安、不满、烦闷或紧张。你可能体会不到这一点,因为这种状态占据着你生活的大部分,就像你不会意识到一种持续的、分贝很低的背景噪声一样,比如空调发出的嗡嗡声。但是当它突然停止时,你就会有一种轻松的感觉。许多人利用酒精、药物、性爱、食物、工作、电视或购物作为麻醉剂来消除他们的不安。当这种情况发生时,这些适量使用可能会使你非常欢乐,会让你产生依赖,并带有强迫性,而你通过它们所获得的只是短暂的缓解而已。

当事情出差错了或自我受到威胁了,当生活中遇到巨大的挑战、威胁或损失(无论是真实的还是想象的),或当你的亲密关系发生冲突时,普通无意识的不安状态会转变为深层无意识的痛苦——这是一种更为剧烈、更为明显的痛苦或不幸的状态。这是普通无意识的强化版本,它们的种类相同,只是无意识的程度不同。

在普通的无意识状态下,对本然的习惯性抗拒或否认会

第四章
思维逃避当下的策略

创造大部分人认为是正常生活状态的不安和不满。当这种抗拒通过一些挑战或威胁得到加强时,它就会引发愤怒、剧烈的恐惧、攻击和抑郁等强烈的消极情绪。深层的无意识通常指的是痛苦之身被激活并且你被它所控制。如果没有深层的无意识,身体暴力是不可能出现的。当一群人或整个国家进入了这种集体的消极能量领域时,这种暴力就更容易发生。

衡量你意识水平的最好指标是:你如何应付生活中的挑战。在应对这些挑战时,一个已经无意识的人会变得更加无意识,一个有意识的人会变得更加有意识。你可以利用一个挑战来唤醒你自己,或者你让它将你拖入更深的无意识状态。这时普通的无意识就会转变成一场噩梦。

如果在正常的情况下你不能全神贯注于当下,比如你独自坐在房间里,在丛林中漫步或倾听别人说话,那么当事情出差错或当你面临很难应付的人或情况,或陷入失落或遇到威胁时,你当然不能处于有意识的状态。你将会被某种反应所控制,这种反应通常是某种形式的恐惧,它会使你进入深深的无意识状态。这些挑战是检测你意识水平的方法。对你自己和其他人来说,只有通过观察你处理这些挑战的方式,才能看出你的意识水平。

所以当事情进展相对顺利时,在日常生活中注入更多的意识是非常重要的。通过这种方式,你会在临在的力量中成长,它会在你体内和你周围产生一个能量场,这个能量场有很高的振动频率。无意识、消极心态或暴力无法进入这种状态或在它之内无法生存，就像黑暗无法在光线下生存一样。

当你学会作为你的思维和情绪的观察者时——这是临在的重要部分——你可能会为你感受到的普通无意识的背景噪声而大吃一惊，你也会意识到你的内在很少真正地感觉到自在与放松。在思维的层面，你可能会发现以判断、不满和心理投射等形式出现的内心抗拒，它使你远离当下。在情绪的层面，你可能会发现大量的不安、压力、烦闷或紧张。这些都是在思维的习惯性抗拒模式下产生的。

他们在寻找什么

卡尔·荣格（Carl Jung）在他的一本书中写到，在他与一位美洲土著酋长的谈话中，这位酋长告诉他，在他的印象中，大部分白人都表情严肃，眼神呆板并且举止冷酷。他说："他们总在寻找一些东西，可他们在寻找什么呢？白人的欲望通常很强，他们总是需要些东西，他们通常急躁不安。我们不知道他们要什么。我们想他们简直是疯了。"

在西方工业文明产生之前，这种急躁不安的情绪就开始了。西方文化现在已几乎影响着整个地球，包括东方的大部分地区，这种情绪现在出现了一种史无前例的急剧增长的趋势。这种文化在耶稣时期就产生了，在佛陀之前 600 年，甚

第四章
思维逃避当下的策略

至在更早的年代就产生了。那么你为什么经常焦虑呢？耶稣经常这么问他的弟子们。"难道焦虑会让你活得更久吗？"佛陀也说，痛苦的根源就在于我们无止境的欲望。

对当下时刻的抗拒与本体意识的丧失有密切的联系。弗洛伊德同样承认这种焦虑情绪的存在，在著作《文明及其不满》（*Civilization and Its Discontents*）中，他谈到了这一点。但是他并没有认识到引发这种情绪的根本原因以及从它之中解放出来的可能性。这种情绪已经创造了一种非常不幸和极度暴力的文化，这不仅对它本身是一种威胁，而且对这个地球上的所有生命都是威胁。

瓦解一般的无意识状态

那么我们应该如何从这种痛苦中解脱出来呢？

变得有意识。观察不安、不满和紧张的情绪如何经由不必要的批判、对本然的抗拒和否定当下而在你之内产生。当你将意识之光投入无意识之中时，任何无意识的事情都会瓦解。一旦你知道如何处理普通的无意识时，你的临在之光就会变得更亮，你也会更容易地应付深深的无意识状态。但是普通的无意识状态是很难察觉的，因为它是如此的普遍。

通过自我观察来养成监控自己思维和情绪状态的习惯。

"此刻我很自在吗？"你可以经常这样问自己。或者你可以问："此刻我内在发生了什么事？"请像你对外界发生的事情一样地对你内心发生的事情保持兴趣。如果你内在没问题，外界才会正常顺利。首要的是内在，其次才是外在。你不必立即回答这些问题。将你的注意力导向内在，观察你的内心所发生的事情。你的大脑在创造什么样的思维？你有何感觉？将注意力集中在你的身体上。你有紧张的感觉吗？一旦你发现了一些低度、不安的背景噪声，请观察你以何种方式回避、抗拒或否认生命来否定当下。人们有许多种方式来无意识地抗拒当下时刻，这里我可以举几个简单的例子。通过练习，你自我观察的能力以及监控你内在状态的力量将会得到加强。

从不快乐中解脱

你是否怨恨你正在做的事情？它可能是你的工作，或者你已经同意了做这件事，并且你正在做，但是你同时又在怨恨和抗拒这件事。你会默默地怨恨与你亲近的人吗？你是否意识到了你因此而散发出来的能量是非常有害的，它会影响你自己以及你周围的人？请仔细观察你的内在。那里是否有一些轻微的怨恨和不情愿的迹象呢？如果有，请从心理以及情绪两个层面去观察它。关于某种情况，你思维所

第四章
思维逃避当下的策略

创造的观点是什么？然后请观察你的情绪，这是你身体对这些观点所做出的反应。请感受一下这些情绪。你觉得开心还是烦恼？这是一个你会选择让它进入你内在的能量吗？你有选择吗？

也许你被利用了，也许你所参与的活动枯燥无味，也许与你亲近的人不诚实或令人厌烦，但是所有的这些都是无关紧要的。你对于这种情况而产生的思想或情绪是否有理，不会起到任何作用。事实是，你正在抗拒本然，你将当下时刻看成敌人，你在你的内心和外界制造了不快乐和冲突。你的不快乐不仅污染了你的内心世界和你周围人的内心世界，而且还污染了与你不可分割的人类集体的精神。我们这个地球的污染只不过是内心污染的外在投射：上百万个无意识的人没有为他们的内心世界担负起责任。

停下你正在做的事情，与相关的人谈话，全面地表达你的感受，或者摆脱由你思维所创造的消极观点，因为你的负面思维除了加强你虚假的自我感之外不会有任何好处，承认它的无益处是非常重要的。消极的心态绝对不是处理任何情况的最好方式。实际上，在大多数情况下，它让你陷入它的陷阱并阻止真实的变化。任何在消极能量之下所做的事情都会被它所污染，并且会创造更多的痛苦、更多的不幸。尤有甚之，任何消极的内心状态都是具有传染性的：不快乐比疾病的传播速度更快、更容易。通过共鸣原则，它会在其他人不快乐比疾病的传播速度更快、更容易。

身上引发潜在的消极心态，除非他们具有免疫能力——高度的意识。

你是在污染这个世界还是在清理废渣呢？你应该对你的内在空间负责，就像你该对这个地球负责一样。你的内在如何，外在就如何。如果人类清理了内心的污染，那么他们也就会停止创造其他的污染。

依你的建议，我们应该如何摆脱这种消极的心态？

就是丢掉！你是如何丢掉在手中燃烧的煤炭的？你是如何丢掉身上沉重而无用的包袱的？如果你认识到你不想再遭受痛苦的折磨或背负沉重的负担，这时你就可以放下它们了。

一方面，深层的无意识状态（如痛苦之身）或其他深度的痛苦（如丧失所爱之人），通常只有当你接纳并保持持续关注，即保持你的临在意识之光时，才能得到改变。另一方面，一旦你意识到你不再需要这些无意识模式，意识到你还可以有其他选择，而不一定要受制于一些条件反射，你就可以轻松摆脱这种无意识了。所有这些意味着你有能力获取当下的力量。离开它，你就没有选择了。

第四章
思维逃避当下的策略

如果你称一些情绪为消极的,如你先前所解释的,你不是创造了一个判断好与坏的二元对立吗?

不。当你的思维将当下时刻判定为坏的时候,这个极性就已经被创造了;然后这种判断就引发了消极的情绪。

但是如果你说有些情绪是消极的,那么你的意思是说它们不应该存在,我们不应该有这些情绪吗?我对此的理解是我们应该允许自己拥有任何情绪,而不是判断它们的好与坏,或者我们不应该拥有它们。我们感到怨恨、愤怒、郁闷等都是可以的——否则我们将会陷入压抑状态,我们的内心就会有冲突或是否定。任何事情都应该顺其自然。

当然是这样的。一旦一个思维模式、一个情绪或者反应存在时,我们就应该接受它。你那时没有足够的意识来做出选择。这不是一个判断,只是一个事实。如果你只有一个选择,或者认识到你的确可以有一个选择,你会选择痛苦还是欢乐,安逸还是不安,和平还是冲突?你会选择一种使你脱离自然的幸福状态、脱离生命内在欢乐的思想或情绪吗?任何这样的情绪,我们都称之为消极的情绪,简单地说就是不好的情绪。这并不是说"你不该这么做"的那种不好,而只是客观评述,就像说胃痛一样。

> 人类是一个精神失常并且非常病态的
> 物种。这不是批判,而是事实。

仅在20世纪就有一亿多的人死于其他同胞之手,这怎么可能呢?人类彼此造成的这种痛苦是超乎你的想象的。这还不包括每天人类彼此间或对其他生物造成的精神、情绪、身体上的暴力、折磨等痛苦。

他们以这种方式行动是因为他们进入了自己的自然状态,并感受到了生命内在的喜悦吗?当然没有。只有那些处于深深的消极状态之中、感觉很坏的人才会做出这种事情,这反映了他们内在的状态。现在他们又在开始破坏大自然以及他们赖以生存的地球。这简直令人无法相信,但这却又是一个事实:人类是一个精神失常并且非常病态的物种。这不是批判,而是事实。还有这样的一个事实:人类在疯狂之下是有理智的,而现在你就可以找到一些治疗和拯救方法。

现在回到你刚才所说的——当你接受了你的怨恨、压抑和愤怒时,你不再被迫盲目地将它们付诸行动,而你也不太会将它们投射在其他人身上。这的确是真的,但是我不知道你是不是在欺骗你自己。因为当你练习接纳一段时间之后,你需要再继续向下一个阶段迈进,那个不再创造这些消极情绪的阶段。如果你不再继续向前迈进,你的这种接纳就成了

第四章
思维逃避当下的策略

一个精神上的标记,它使你的小我不断地沉浸在不幸之中,而且还会加强你和其他人的分离感。如你所知,分离是小我认同感的基础。真正的接纳会立即转化这些情感。如果你真的认为每件事都很好,这当然是真的,但是你在一开始就会有这些消极的情感吗?不批判和抗拒的话,这些消极的情感就不会产生。在你的大脑中,你有了想法,认为每件事都很好,但是,在你的内心深处你又不能真正地相信它,所以那种陈旧的、抗拒的思维—情绪模式仍然存在。这就是让你感觉不好的原因。

那也没什么不好。

你在维护你无意识和遭受痛苦的权利吗?别着急:没有人会把它们从你的身边夺走。一旦你认识到某种食物让你恶心,你还会继续吃这种食物,并还声称恶心的感觉很好吗?

无论身处何地,全然地安于当下

你能再多举些普通无意识状态的例子吗?

试着觉察你自己是否用语言或是思想在抱怨一个你身处的状况,或是别人说的话、做的事,你的环境、你的生活情境甚至天气。抱怨通常是人们对本然不接受的表现。当你在抱怨时，你就使自己变成了一个受害者。当你大声说出自己的感受，你就是在行使你的力量。所以如果有必要或者有可能的话，你可以通过采取行动或大声说出你的想法来改变这种情况；要么离开这种情境，要么就接纳它，其他一切的行为都是疯狂的。

普通的无意识状态通常与抗拒当下时刻有关。当下同样意味着此地。你在抗拒你所处的此时此地吗？有些人常常希望他们身在别处。他们的"此地"永远不够好。自我观察一下，看看这种情况是否发生在你的生活之中。不管你身处何地，请完全地保持"临在"。如果你发现你的"此时此地"变得无法忍受并且使你非常不开心，这时你有三种选择：从这种状况中离开，改变它，或者完全接受它。如果你想对你的生命负责任的话，你必须选择其中的一个，同时必须现在就做出选择。然后，你就应该接受你的选择所带来的后果。没有借口，没有消极的态度，没有精神上的污染。保持你内在空间的清洁。

如果你采取任何行动——离开或者改变你的情况，首先请放下消极的情绪，如果可能的话，请完全地放下。由深刻观察而采取的行动比由消极心态引发的行动更为有效。

行动总比不行动好，尤其是当你陷入不幸之中很久时。如果你所采取的行动是错误的，至少你会从中学到教训，在这种情况下，它就不再是个错误了。如果仍然陷于其中，你

第四章
思维逃避当下的策略

就会一无所获。是恐惧阻止你采取行动吗？承认恐惧，观察它，并将注意力集中在它身上，完全与它共存。这样做切断了恐惧与思维之间的联系。千万别让恐惧入侵你的思维，请运用当下的力量，恐惧不敢与它对抗的。

如果真的没有任何事情能改变你的"此地"和"此时"，并且你不能使自己从这种状态中解脱出来，那么请放下内心所有的抗拒而完全地接受你的"此地"和"此时"吧。那个喜欢感觉痛苦、怨恨和愧疚的虚假而不幸的自我会因此而无法生存。这叫作臣服。臣服不是懦弱。在臣服中有很大的力量。只有臣服的人才有精神力量。通过臣服，你将会从内心摆脱这种情况。然后，你可能会发现，你在没做任何努力的情况下，局面发生了变化。无论是哪种情况，你都自由了。

你是否有应该做但现在又没有做的事情呢？如果有，请现在就开始做吧。或者，你就完全接受你此刻的消极、懒惰或被动，如果这是你的选择的话。请充分地享受它，请尽可能地懒惰吧。如果你完全进入这种状态并变得有意识，你将会很快从这种状态中脱身。不管哪一种方式，你都没有内在的冲突，没有在抗拒，也没有消极负面的心态。

你的压力很大吗？你是否太忙于进入未来，而把当下变成你达到未来目标的手段？压力的产生是由于你在"这里"却想到"那里"去，或你在当下却想去未来。这是一种让内在分裂的方式。创造这种内心的分裂并与之共存是精神失常

> 压力的产生是由于你在"这里"却想到"那里"去，或你在当下却想去未来。这是一种让内在分裂的方式。

的行为。每个人都在这样做的事实并不能说明它就是合理的。如果必要的话，你可以动作快些，工作得快些，甚至用跑的，但是不需要抗拒当下并且把自己投射到未来去。当你工作、跑步时，全力地去做吧。充分享受能量的流动以及那个时刻的高能量。现在，你就不会有压力了，也不会将自己一分为二了。就是在动、在工作、在跑，并且充分地享受它。或者，索性丢下所有的事情安静地在公园的长凳上坐着。但是，当你这样做时，请观察你的思维。它可能会说："你应该去工作。你正在浪费时间。"请观察你的思维，并冲着它微笑。

过去是否占据了你大部分的注意力？你是否经常正面地或负面地谈论或思考着过去呢？这些过去是你曾经取得的伟大成就、你的冒险经历、你的受害经历，还是别人对你做的可怕的事情或你对别人做的可怕的事情？你的思维过程创造了愧疚、骄傲、怨恨、愤怒、遗憾还是自怜呢？这样，你不仅加强了那种虚假的自我感，而且还通过在心理上不断积累过去，加速了你身体的老化。通过观察你周围的那些从过去不能自拔的人来证实这一点吧！

就让过去消失吧，你并不需要它。只有在过去与现在有

第四章
思维逃避当下的策略

绝对关联时才去引用它。充分地感受当下的力量以及本体的完整性。感受你的临在吧。

§

你感到忧虑吗？你是否经常想到"万一"？如果是的话，你就是在认同你的思维，思维把自己投射到未来的情境中，并创造了恐惧。你是无法应对这个未来的情境的，因为它压根儿就不存在。这是一种精神上的幻觉。仅仅通过承认当下时刻的存在，你就可以停止这种有害健康和生活的疯狂行为。关注你的呼吸。感受空气从你的体内流入和流出。感受你内在的能量场。在实际生活中（不是大脑想象和投射的），你需要处理和应付的就只有此刻！问问你自己，你此刻有什么问题，不是明年、明天或 5 分钟之后，而是现在这一刻，你有什么问题？你可以应付当下发生的事，但是你却无法应付未来还没发生的事情——也没有这个必要。在应付当下发生的事情时，你需要的答案、力量、正确的行动或者资源都会在那里，不是在现在之前或之后。

"某天，我会成功的。"你的目标是否占据了你大部分的注意力而让你把当下当成达到未来目的的一种手段？它是否夺走了你所做的事情本应带给你的欢乐？你是否在等待开始新的生活？如果你有这种思维模式，不管你取得了什么成就，你的当下时刻永远不够好，你的未来似乎永远会更好。这样你的目标是否占据了你大部分的注意力而让你把当下当成达到未来目的的一种手段？它是否夺走了你所做的事情本应带给你的欢乐？

就会让你永远得不到满足，你同意吗？

你是一个习惯等待的人吗？在你的生活当中，你花了多少时间在等待呢？我所说的小规模的等待指的是在邮局里排队、遇到交通堵塞、在机场里候机，或等待某人的到来或完成工作等。更大规模的等待指的是等待下一个假期、下一个更好的工作，等待孩子长大，等待一份好姻缘，等待成功，等待挣钱，等待成为重要的人物，等待开悟。人们总是用一生来等待开始新的生活，这是很常见的现象。

等待是一种思维状态，意味着你需要未来，而不要现在；你不要你所拥有的，而要你所没有的。任何一种形式的等待，都让你无意识地在你的此时此刻创造了一种内心的冲突：你不要此时此刻，你把希望寄托于未来。丧失对当下时刻的意识，会大大降低你的生命质量。

努力改善你的生活状况并没有错。你可以改善你的生活状况，但是你不能改善你的生命。生命是最主要的。生命是你内心最深刻的存在，它是圆满而完美的。你的生活状况由你所处的环境和你的体验所组成。设定目标并努力去实现目

第四章
思维逃避当下的策略

> 人们总是用一生来等待开始新的生活，这是很常见的现象。

标本身并没有错，错误的是你将它看成是你对生命和对本体的感受的替代品。通往生命和本体的唯一途径是当下。你就像一个建筑师，你应该关注的是地基，而不是将大量的时间花在地面建筑上。

比如，许多人一直在等待发财，它是不会在未来实现的。当你尊重、认可并完全接受你当下的事实——无论你在哪儿，你是谁，现在你正在做什么——当你完全接受你所拥有的东西时，你会对你所拥有的、对本然心存感激。而对当下和此刻生命的完整性心存感激，才是真正的富裕。富裕不会在未来到来，但它会在适当的时刻以各种方式出现在你面前。

如果你对自己拥有的感到不满，甚至对你现在所缺乏的感到沮丧或愤怒，那么即使你成为百万富翁，在内心深处，你仍然会感到不满足。你可能有许多可以用金钱买来的刺激体验，但是它们会来得快去得也快，最后你所剩下的只有空虚，而且你还会需要更多的身体上或心理上的满足。

所以请放弃"等待"这种思维状态。当你察觉到自己陷入了等待之中时，请迅速撤离，转而进入当下时刻。如果你身处当下时刻，你就不会需要等待任何事情。所以当设定目标并努力去实现目标本身并没有错，错误的是你将它看成是你对生命和对本体的感受的替代品。

下次有人对你说："对不起，让你久等了。"你可以这样来回答："没关系，我没有在等待。我仅仅是站在这里自得其乐——享受我自己内心的喜悦而已。"

上述的只是几种普通无意识地拒绝当下时刻的习惯性思维。它们很容易被忽视，因为它们占据着你正常生活中的大部分空间，已经成为一个永不满足的背景噪声了。但是，你对你内心的思维—情绪观察得越多，你就会越容易了解到你何时会陷入过去和未来之中，也就是无意识的状态，而可以从时间的幻梦中进入当下。但是，请注意：这种基于思维认同的虚假和不幸的自我是需要时间而生存的。它知道当下是它的克星，所以感觉受到极大的威胁。它将会尽它最大的努力将你带离当下，让你陷入时间之中。

你生命旅程的内在目的

我能理解你所说的真理，但是我认为我们仍然必须在生命的旅程中有一些目标，否则我们就会毫无目的地漂

第四章
思维逃避当下的策略

流。但是目标意味着未来,不是吗?我们应该如何将目标与活在当下相协调?

当你旅行的时候,知道你要去哪里或者至少知道大致的方向,当然是很有帮助的,但是,别忘了:关于你旅行的唯一真实的事情就是你在当下时刻所走的那一步。这才是一切。

你的生命旅程有一个外在目的和一个内在目的。外在目的是达到你的目标,完成这个或成就那个,这当然和未来有关。但是如果你的目标和你在未来将采取的行动占据了你太多的注意力,并且对你来说,它们比你现在所采取的步骤更为重要时,那你就失去了你旅程的内在目的。内在目的与你去的地方或你正在做的事没有任何关系,但是它与你如何做事有着密切的关系。它与你的未来没有关系,但是与你此刻意识的质量有密切的关系。外在目的属于时间和空间的水平维度;内在目的则关乎无时间的当下时刻的垂直维度。你外在的旅程可能包含着上百万个步伐;你内在的旅程却只有一步——你现在正在行动的那一步。随着你更多地意识到这一步,你会认识到它已经包含了其他所有的步骤以及你的目标,然后这一步就转变成一个完美的表述,一个绝美和有极佳质量的行动。它将会带着你进入本体,本体之光将会穿越它。这就是你内在旅程的目标和成就,一个驶向你自己的旅程。

§

我们达到外在目的很重要吗？世俗的成功或失败重要吗？

它的重要性在于你能不能了解自己的内在目的。外在目的就像一个游戏，你可能会不断地去玩，因为你喜欢它。但在你外在目的完全失败的同时，你的内在目的有可能取得成功。反之，更常见的是外在很富裕，内心却很贫乏。或者如耶稣所说："赢了全世界，却丢了灵魂。"当然，最终所有的外在目的迟早都会失败，这个道理很简单，因为它们受万物的无常规律的限制。外在的目的不会给你持久的满足，越早意识到这一点对你来说越有利。当你看到了你外在目标的限制时，你就会放弃你的那种不现实的期待——期待它会使你开心——而你也能让它屈从于你的内在目的了。

过去无法在你的临在里生存

你之前提到过，思考或谈论过去是逃避当下的一种方式。但是除了我们能记住的过去或与之认同的过去，是否还有其他层面的过去根植于我们心中呢？我所指的是那些制约我们生命的无意识的过去，特别是我们孩提时的体验。此外，还有文化的制约，这与我们所处的环

第四章
思维逃避当下的策略

境和历史时期有关。所有这些事情决定着我们的世界观、我们的反应、我们的思维、我们与别人的关系、我们的生活方式。我们如何对所有的这些事情都有意识，或如何摆脱它们呢？这个过程要花多长的时间？而且当我们这样做时，我们还剩下什么？

当幻象终结时，还剩下什么？

我们没有必要去研究这些无意识的过去，除非它在此刻以一种思维、一种情感、一个愿望、一个反应或者你所遇到的外在的事情表现出来。不管无意识的过去当中有什么是你需要了解的，当下时刻的挑战都将会使它浮出水面。如果你试图探究过去，它将会变成一个无底洞，永远探究不完。你可能会想，你需要更多的时间才能了解过去或者摆脱过去，换言之，你以为未来终将会把你从过去中解放出来。这是一个幻象。只有当下才能把你从过去中解放出来。更多的时间不会把你从时间中解放出来。获取当下的力量，这才是问题的关键。

什么是当下的力量？

它是你临在的力量，是你从思维模式中解放出来的意识。

所以，请你在当下时刻中处理过去。对过去的注意力越集中，你越能赋予它更多的能量，也就越有可能从它身上创

回到过去，你不会找到你自己，但是，
通过进入当下，你可以。

造出一个"自我"。请你别误解了：注意力是重要的，但不是对过去的关注。请关注你的当下，你当下的行为、反应、情感、思维、情绪、恐惧和欲望。过去存在于你心中。如果你能够在当下时刻观察所有的这些事情，不带批判，不加分析，那你就是以当下的力量处理过去，并且将它化解。回到过去，你不会找到你自己，但是，通过进入当下，你可以。

难道我们了解过去不是有助于了解我们做事的原因，了解我们做出反应的方式吗？或者为什么我们会无意识地在人际关系中制造一些戏码和特殊的模式？

随着你对当下的事实变得更有意识，你可能会突然洞察到你某些行为方式，比如，为什么你爱情关系的发展会遵循一定的模式，并且你可能会记得过去发生的事情或把它们看得更清楚。这当然很好，很有用处，但是，这不是关键。关键的是你当下临在的意识。它会化解过去。它是一个转化的媒介。所以不要试着理解过去，只要尽可能地感受当下时刻就好了。过去不会在你的临在中生存，它只会生存在你意识缺席的状态中。

第五章
临在状态

临在不是你所想的那样

　　　　你一直在谈论临在状态的关键性。我认为从理性上，我已经理解了它的含义，但是我不知道我是否真正地有过这种体验。我不知道这种临在状态是我想的那样，还是完全是另一回事。

它不是你想的那回事。你不能去思考临在的状态，思维是不会理解它的含义的。想要理解临在状态，就要处于临在状态之中。

现在，我们来做一个小实验。闭上你的眼睛并对自己说："我想看看我的下一个想法是什么。"然后集中精力并等待你的下一个想法出现。请像猫注视着老鼠洞一样聚精会神。什么样的想法将会从这个老鼠洞中出来呢？现在，请你试试看。

怎么样？

§

我必须等待很久脑袋中才有念头出现。

就是这样。只要你强烈地处于临在的状态中，你就会从思维中解脱出来。这时你会非常平静并且精神高度集中。但是，你的注意力一旦放松，思维就会乘虚而入。这时，思维的噪声又开始出现，你内心的平静状态就会丧失。你又回到了时间里。

有些禅宗大师为了测试弟子的临在程度，会悄悄地从弟子的身后突然用棍子击打他们。令人吃惊的是，如果弟子非常地临在并处于相当警觉的状态，他会感受到大师从后面悄悄地走近他，就可以去阻止大师或者闪避到一旁。但是，如果弟子被击中，就说明他沉浸于思维之中，也就是说，他心不在焉，处于无意识状态。

在日常生活中保持临在会帮助你深深地根植于自己的内在之中；否则，有着巨大能量的思维会像一条狂奔的河，把你拖进急流中。

"深深地根植于自己的内在之中"是什么意思？

第五章
临在状态

> 有着巨大能量的思维会像一条狂奔的河，把你拖进急流中。

意思是完全地进入你的内在，经常将注意力集中在你身体的内在能量场上。从内在来感受你的身体。这种身体意识有助于你的临在，它帮助你平静地处在当下时刻。

"等待"的奥秘

从某种意义上来说，临在状态可以比作等待。耶稣在他的一些寓言中就运用了等待的比喻。这不是那种否认当下、无聊不安的等待；也不是把你的注意力集中在未来，并认为当下时刻会阻止你获取你想要的东西的那种等待。从质量上来说，这种等待是一种不同的等待，它需要你全神贯注。在任何时刻都可能有些事情发生，但是如果你不能绝对地全神贯注，不能绝对地平静，你就会错失它。这就是耶稣所说的那种等待。在那种状态下，你所有的注意力都会集中在当下。这样，白日梦、思维、回忆和期望都没有生存的空间。没有紧张、恐惧，只有警觉的临在，而你整个存在，你体内的每一个细胞，都会集中在当下。在这种状态下，拥有过去和未来的"你"很难在那里生存。然而任何有价值的东西都不会丢失。从本质上来说，你仍然是你自己。实际上，在这种状态下，你会前所未有地全然成为你自己。

耶稣说："像一个仆人等待主人回家一样。"仆人不知道主人何时回家。所以，他一直保持警惕，处处小心以免错过主人的到来。在另外的一则寓言里面，耶稣讲述了五个粗心（无意识）的女人由于没有足够的油（意识）来保持油灯继续燃烧（保持临在），所以错过了她们的新郎（当下时刻），以致无法参加婚礼（开悟）。这五个女人与另外的五个聪明的、有足够油（有意识）的女人形成了鲜明的对比。这些寓言指的不是世界末日，而是心理时间的终结。它们指出了超越自我心智、生活在一种全新的意识状态的可能性。

美好源自你临在的定静之中

> 当我独处于大自然的怀抱时，我能偶尔短暂地体验你刚才所描述的东西。

是的。禅宗大师用"顿悟"（satori）这个词来描述短暂的开悟或短暂的无思维、完全临在的状态。尽管顿悟不是持久的转化，但是当它来临时，你应该对它心存感激，因为它让你尝到了开悟的滋味。实际上，你可能已经体验过它很多次了，可你却不知道它是什么，也没有意识到它的重要性。

第五章
临在状态

> 你是否曾在晴朗的夜晚凝视夜空，惊叹于它绝对的寂静和不可思议的浩瀚？

要感受大自然的美丽、伟大和神圣，你需要临在意识。你是否曾在晴朗的夜晚凝视夜空，惊叹于它绝对的寂静和不可思议的浩瀚？你是否倾听过，真正地倾听过森林中山泉的声音？或者你是否真正地倾听过在寂静的夏夜鸟儿的歌唱？当你的思维宁静时，你才会关注到这些。你必须暂时卸下你个人问题的包袱、过去的和未来的包袱，以及你知识的包袱。否则，你将会视而不见，听如未闻。你需要完全地进入当下时刻才行。

超越外在形式之美的是那些不可名状的东西，那些叫不出名的事物，那些深沉的、内在的、神圣的东西。只要美好的事物出现，这份内在的本质都将会在那里闪耀着光芒。只有当你临在时，你才会看得到它。那些不可名状的本质和你的临在本质是同一样东西吗？如果不处于临在状态，那些美好的东西还会在那里吗？请你深深地去体会，为自己找出答案。

§

当你体验到了这些临在时刻，你可能不会意识到你是短

> 在思维开始活跃的那一刻，你所拥有
> 的一切就只是对思维的记忆而已。

暂地处于无念状态。这是因为这种状态与思维之间的间隔太窄。在思维开始活跃起来之前，你的顿悟可能只会持续几秒钟，但是它确实发生过了；否则，你就不会体验到这种美好。对于美的感知和创造，思维无能为力。只有完全处于临在状态，那种美或神圣才会产生。由于这种间隔的狭窄以及缺乏的警惕，你可能无法区别在没有思维下的对美的感知，和用思维对美进行诠释的差异。然而，事实是，在思维开始活跃的那一刻，你所拥有的一切就只是对思维的记忆而已。

感知与思维之间的时间间隔越宽，你就会越深入地体会到你作为人的存在，也就是说你会更有意识。

许多人在他们的思维中陷得太深，所以自然界的美丽对于他们来说是不存在的。他们可能会说："多美丽的花呀。"但是，这仅仅是一种机械式的心理标记，因为他们没有处于当下时刻。他们没有真正地看到花，没有真正地感受到它的本质和神圣之处——就像他们不了解自己，不能感受到自己的本质和神圣之处一样。

由于我们生活在一个由思维主宰的文化之中，大多数现代艺术、建筑、音乐和文学都缺乏美感，缺乏内在的本质。

原因是，创造这些东西的人没有将他们自己从思维中解放出来。所以他们从未触及那些真正的创造力和美感产生的源头。就这样，他们任由思维创造了一些畸形的东西。看看那些城市景观和工业废地你就明白了。任何一种文明都不会创造出这么多丑陋的东西出来。

纯意识的实现

> 临在与本体是一回事吗？

当你意识到了你的本体，本体就会意识到它自己。当本体意识到自己时，那就是当下的临在。由于本体、意识和生命是同义词，所以我们可以说，当意识到它本身时，就是临在。或者当生命获得了自我时，它就是临在。但是，别太执着于这些词句，别试着去理解它们的含义。在你进入当下时刻之前，你不需要理解任何东西。

> 我的确理解你刚才所说的话，但是这样看起来，本体也并非十全十美，它正处于一个不断发展的过程。上帝还需要时间来成长吗？

是的，从显化世界的狭隘观点来看是这样的。在《圣经》中，上帝宣称："我是阿尔法（Alpha，希腊字母的首字母）

> 任何存在的事情都有本体，都有一定程度的意识。即使是块石头都有初级的意识，否则它的原子和分子将会溃散。

和欧米加（Omega，希腊字母的尾字母），我就是那存在的合一。"在上帝居住的无时间的领域内——同样是你的家——开始和结尾，始和终是合一的。已经存在和将要存在的万事万物的本质，永恒地存在于一个合一的、完美的、未显化的状态中，这完全超越了人类思维能够想象或者理解的范畴。在我们这个看似由孤立的各种形式组成的世界里，无时间状态的完美是一个令人难以置信的概念。即便意识本身——由永恒源头所散发出来的光芒——也好像受制于一个发展的过程，但这是由我们狭隘的思维造成的。在绝对的真理中，完全不是这样的。请允许我再继续谈谈意识演化吧。

任何存在的事情都有本体，都有一定程度的意识。即使是块石头都有初级的意识，否则它的原子和分子将会溃散。万物有情。太阳、地球、植物、动物和人类——都是意识不同程度的显现，都是以某种形式显化出来的意识。

当意识以形状和形态，以思维和物质形式显现时，世界就产生了。看看地球上数百万的生命形式吧。在大海中，在陆地上，在天空中，每一个生命形式都被复制了数百万次。这将会复制到什么时候呢？有没有某人或某物在玩一种形式

第五章
临在状态

的游戏呢？这是印度先知问他们自己的问题。他们将世界看成莱拉（Lila），上帝玩的神圣游戏。在这个游戏中，个体生命形象显然不是很重要。在大海中，许多生命形式在出生之后几分钟就死亡了。人类的生命形式也只不过几十年就会化为尘土，好像从未出现过一样。这很残忍或悲惨吗？如果你为每一个生命形式创造了一个独立的身份，如果你忘了意识是上帝的本质通过生命形式的显现，那么它就是残忍或悲惨的。但如果你能够理解自己的神性本质就是纯意识的话，才会真正地了解以上的情况。

如果一条鱼在你家的鱼缸中出生，你为它取名叫约翰，并制作了一份出生证明，告诉它有关它的家族史，两分钟后，它被别的鱼吃掉了，这就是个悲剧。然而它之所以是个悲剧，是因为你把一个根本不存在的、孤立的自我投射到了它上面。你只抓住了整个动态过程中的一个片段，一个微分子的舞蹈，然后以它创造出了一个孤立的实体。

到了最后搞得太复杂了，以至于自己完全迷失在其中，意识想方设法来掩饰自己，对于当今的人类来说，意识完全被它的掩饰所认同。它仅仅知道它是一种形式，因此，它生活在对身体或心理形式的毁灭的恐惧之中。这是一种小我思维，也是大量问题产生的根源。这看起来好像是在进化线上的什么地方出了问题，可是即便如此，它也是莱拉的一部分，神圣游戏的一部分。最终这种由明显的功能缺失所创造出来

111

的痛苦,便转而迫使意识远离它的形式认同,也把它从形式的梦幻中唤醒了:意识找回了自我意识,而它所在的层次已经比失去自我意识前更深了。

现在,作为你思维的观察者,你是否看到了进入当下时刻的更深一层的意义呢?无论何时,当你观察自己的思维时,你就把意识从你的思维形式中抽离了出来。结果,观察者——超越形式的纯意识——会变得更为强大,而思维的形式结构则变弱了。当我们谈论观察思维的时候,实际上是把一个深具宇宙意义的事件拟人化了,就是说意识通过你从形式认同的梦幻中觉醒了,意识撤离了形式。这个觉醒预示着一个遥不可及的未来事件(觉醒本身也是这一未来事件的一部分),即世界末日。

§

当意识从身体和心理形式的认同中解放出来时,它就变成了我们所谓的纯意识或受过精神启蒙的意识。在少数人中已经发生了此事,并且它必定会在大规模的层面上发生,虽然我们不能绝对保证这将会发生。大部分人仍被自我的意识模式所控制:被他们的思维所认同和控制。如果他们不能及时地将自己从思维中解放出来,他们将会被思维摧毁。他们将会经历越来越多的冲突、暴力、疾病、绝望和疯狂。自我的思维像一艘不断下沉的船。如果你不及时下船,你将会与

第五章
临在状态

船一起下沉。人类集体的自我思维是这个地球上最为危险的、破坏力巨大的实体。如果人类的思维不改变,我们这个地球将会发生什么事情?

对于大部分人来说,只有当他们偶尔处于思维之下的意识水平时,他们的大脑才会出现短暂的空当。睡眠状态时就是这种情况。但是,一部分人通过性爱、酒精、药物,也可以抑制过度活跃的思维。如果没有酒精、镇静剂、抗抑郁药物以及毒品,人类思维的精神失常会比现状更为严重。我相信,如果他们离开了药物,大部分人将会成为他们自己和其他人的威胁。这些药物当然会使你陷入功能失调之中。它们的广泛使用只会延迟陈旧的思维模式的突破以及更高层次的意识的出现。

对于我们来说,回到处于思维之下的某个意识水平——我们的老祖先未进化的前思考水平和动植物意识状态——不是我们的选择。我们不可能回到这个意识水平上来。如果人类要生存,就必须进入下一个阶段。意识在整个宇宙中以数亿种形式在不断地演化。因此,即使我们的意识没有得到演化,在整个宇宙规模上,这也不会有太大的影响。意识的任何一个进步都不会丢失,所以,它仅仅简单地通过其他的形式表达它自己。但是我在这里所说的,你在这里所听的或读的事实,是一个非常清晰的信号:新的意识在这个地球上已经站稳脚跟了。

在这里我不针对个人:我不是在教导你。你是有意识的,

> 无论你身处何地，沉默是进入当下时
> 刻最容易、最直接的方法。

其实正在倾听你自己。有句东方古语说："教学相长。"不论怎样，字句本身并不重要。它们不是真理，它们只是指向真理。当我说话时，我是从临在的角度说话，你也可以从你的临在与我共鸣。尽管我所用的每一个字都有一个历史，都来自过去。但是，像所有的语言一样，现在我对你说的字是高能量频率临在的载体，与它们字面的意思不尽相同。

沉默是临在的一个更为有力的载体，所以当你在读这些内容或在听我说话时，请注意这些字句之间和之下的沉默，注意那些间隙。无论你身处何地，沉默是进入当下时刻最容易、最直接的方法。即便有噪声，在声音空间和之下还是会有一些沉默之音。倾听沉默会在你的内心深处创造宁静。只有你内心宁静，你才能感受到外在的寂静。宁静就是临在，从思维形式中解放的意识。在此你可以身体力行我们刚刚谈到的内容。

救世主：你神圣临在的现实

请不要执着于任何字句。你可以用救世主来替代临在，

第五章
临在状态

> 小我会被更大的小我吸引；黑暗无法认出光明，只有光明才能认出光明。

如果你觉得它对于你来说更有意义的话。救世主是你的神性的本质或者东方所说的"大我"。如果你认识到在救世主那里没有过去和未来，许多有关救世主的误解和错误信念都将会澄清了。说救世主过去是什么或将来会是什么是自相矛盾的。耶稣生活在两千年前，他认识到了神圣的临在和他真正的本质。所以他说："在亚伯拉罕之前我就是存在的。"他没有说："在亚伯拉罕出生前我就已经存在了。"如果他这样说，就说明他仍然生活在时间和形式身份的空间里。"我就是"这句话出现在一个过去式的句子里，就说明了一个剧烈的转变，也是在这个短暂空间里的出离。这是一句深奥的禅语。耶稣努力地传达临在和自我实现的意义。他已经超越了由时间控制的意识层面并进入了无时间的状态。当然，永恒不是指无止境的时间，而是指无时间。因此，耶稣成了救世主，一个纯意识的工具。在《圣经》中，上帝的自我定义是什么呢？上帝是否说过"我已经是什么，我将来会是什么"？当然没有。如果这样，就使过去和未来成为现实了。上帝说的是："我是那'我是'。"在这里，没有时间，只有临在。

救世主复活是人类意识的转换，从时间到临在，从思维到纯意识的转换，而不是某个男人或女人的到来。如果救世主明天以某种外在的形式出现，他或她可能会对你说："我就是真理，我就是神圣的临在，我就是永恒的生命，我在你之内，我在这里，我就是当下。"

§

请永远不要将救世主人格化。请不要将救世主看成一个形式实体，真正的飞天、圣母、心灵导师，他们不是以特殊的人的样子呈现的。由于没有一个需要去支撑、维护、喂养的虚假自我，他们比凡人更简单、更平凡。正因为如此，任何有着强烈自我的人，会将他们视为不重要的，他们甚至更可能对这些大师视若无睹。

如果你受到一个心灵导师的吸引，这说明你有足够的临在去认出他人的临在。很多人认不出耶稣或佛陀，同时还有很多人被虚假的老师吸引。小我会被更大的小我吸引；黑暗无法认出光明，只有光明才能认出光明。所以，请不要相信：光明在你之外或者它只会以某种特殊的形式出现。如果只有你的心灵导师是上帝的化身，那么你是谁呢？任何排他性都是对形式的认同，形式认同意味着自我，不管它多会掩饰自己。

请利用心灵导师的临在，来反映你自己超越姓名和形式的实体，以便更多地进入当下。这样，你将会很快地意识到没有所谓我的临在或你的临在，因为临在是合一的。

第五章
临在状态

　　团体共修同样能加强你感受当下的力量。一群处于当下时刻的人聚在一起，就会产生全神贯注的集体能量。这不仅会提高每个成员感受临在的程度，而且还会将人类集体意识从思维控制的状态中解放出来。这将会使个人更容易地进入当下时刻的状态。然而，除非成员中至少有一个人完全地临在，并有高度的意识，否则自我思维会很容易地重新活跃起来，并破坏集体的努力。虽然，团体共修是很宝贵的，但是它还不够，你不能去依赖它。同时，你不能去依赖心灵导师或者精神导师，除非这只是你学习临在的含义和实践的过渡阶段。

第六章
内在身体

THE
POWER
OF NOW

本体是你最深刻的自我

之前你谈论过深深地进驻内在身体（inner body）的重要性，你能解释一下这句话的含义吗？

身体可以变成一个进入本体状态的入口。让我们现在就来深入探讨一下。

我仍然不能完全理解你说的本体的含义。

"水？你说水是什么意思？我不明白。"如果鱼有人类思维功能的话，它可能会这样说。

请你暂时不要试着去理解本体的含义。你已经对本体有了惊鸿一瞥，但是，思维通常会将它放进一个小盒子里并贴上标签。它不能成为一种知识的标识。在本体中，主体和客体融合为一。

当你能超越名字和身体形式时，你就可以感受到本体，那个永恒临在的"我是"感觉到以及知道你已经深深地进入了这种状态就是开悟，这也就是耶稣说的"使你获取自由"的真理。

从什么中获得自由？

从以为你自己只是身体形式和思维的这种幻象中解放出来。如佛陀所说的，这种自我幻象是错误的核心。这种幻象是以各种形式掩饰的恐惧。而只要你是从无常的、脆弱的形式之中汲取自我感的话，这种幻象就是一个经常的精神折磨。所以我们要从恐惧中、从罪恶感中解放出来。这种罪恶感是你和其他人无意识地遭受痛苦的原因，因为你任由这个幻象衍生出来的假我来掌控你的思维、言语和行为。

超越字面的含义

我不喜欢"罪恶"这个词，因为它意味着我正在被判有罪。

我可以理解。几个世纪以来，由于人类的无知、误解或控制欲，围绕着"罪恶"这类字眼出现了许多种错误的解释和观点，但是它们也代表了一些真理的关键核心。如果你不

第六章
内在身体

> 蜂蜜这个词并不是蜂蜜,除非你尝试过蜂蜜,你才会知道它的味道。在你尝过它之后,蜂蜜这个词就变得对你不再重要了。

能超越这个词的字面意思去理解它所代表的真谛,那么就别用它。别陷入词的字面意思中,词是达到目的的手段。它是抽象的,就像路标,它指的是一个超越了它自己的地方。蜂蜜这个词并不是蜂蜜,除非你尝试过蜂蜜,你才会知道它的味道。在你尝过它之后,蜂蜜这个词就变得对你不再重要了。这时你就不会再执着于它了。同样,你可以在你的余生中谈论或思考"上帝"这个词,但是这难道意味着你知道了或看到了这个词所代表的真相了吗?这么做与执着于一个路标、迷恋一个心理偶像有什么区别?

相反的情况也一样:如果,不管出于何种原因,你就是不喜欢蜂蜜这个词,这可能会阻止你去品尝它。如果你非常不喜欢"上帝"这个词,你可能不仅会拒绝它,而且还会拒绝这个词所代表的真实含义。当然,所有的这一切都是与你的思维认同有关的。

所以,如果一个词对你来说不具有意义了,那么请你用另外一个对你有意义的词来替代它。如果你不喜欢"罪恶"这个词,那你就用"无意识"或"精神病态"来替代它。这样，你就可能会更加理解这个词背后的真实含义了。

我也不喜欢那些替代词，因为它们意味着我做错了什么事。我正在被审判。

当然，你是有些问题——但是你没有被审判。

我并没有冒犯你的意思，然而你不属于那些在 20 世纪之内杀害了一亿多同胞的人类中的一员吗？

你是指连带犯罪吗？

这不是一个有关罪咎的问题，但是只要你被小我思维所操控，你就属于人类集体精神失常的一部分。或许，你还没有深刻地理解在自我思维控制下的人类的情况。请你睁开眼睛看看无所不在的恐惧、绝望、贪婪和暴力。请看看人类之间的相互冲突，和人类对自己同胞以及这个地球上别的物种的残忍伤害。你没有必要去谴责，仅仅观察就可以了。那就是罪恶。那就是精神失常。那就是无意识。总之，别忘了观察你自己的思维，并从那里找出精神失常的根本原因。

找出你无形的和不可摧毁的本质

你说过，身体形式的认同是一种幻象，那么，身体——肉体形式，是如何带你去理解本体的呢？

第六章
内在身体

> 你将会认识到,你不再是这个陌生宇宙中一个无意义的小碎片——短暂地在生与死之间徘徊,浅尝欢乐之后随即遭受痛苦,最后还要面对最终的幻灭。

你可见、可触摸到的身体不会将你带入本体。这种可见的、有形的身体只是一个外壳,或者,只是一个对更为深刻的本质所产生的某种有限的或被歪曲了的感知。在与本体相联系的自然状态中,你可以以一个无形的内在身体——你内在那个鲜活的临在——时刻感受到你内心的本质。所以,进驻你的身体指的是从内在感受身体,从内在感受身体的生命,从而理解你是超越这些外在形式的。

但是,这仅仅是你更深地进入定静与平和的内在旅程的开始。你也将进入一个充满力量和活力的领域。首先,你可能只会短暂地感受到它,但是通过这些短暂的感受,你将会认识到,你不再是这个陌生宇宙中一个无意义的小碎片——短暂地在生与死之间徘徊,浅尝欢乐之后随即遭受痛苦,最后还要面对最终的幻灭。在外在的形式下面,你是与一些非常广大、非常浩瀚、非常神圣的东西相联系的。这些东西是不可言喻的——但我此刻却在谈论它。我谈论这些东西不是为了让你相信它,而是向你显示如何自己去理解这些东西。

> 将你的注意力从思维中直接转移到身体内，这样你就可以感受到那个内在无形的能量场，它就是代表你肉身生命力的本体。

只要你的思维占据着你的注意力，你就会与本体脱离。这时，你就不在你的身体之内了。思维会吸收你所有的注意力，并将它转化成思维的东西，从而让你无法停止思考。强迫性的思维已经成为一种集体疾病。你的整个自我感觉源于你的思维活动。你的身份也不再根植于本体，而变成一个脆弱且需求不止的心理结构，使得恐惧成了你潜在的主导情绪。这样，对你真正重要的东西就从你的生活中丢失了：那就是对你更深自我的感知——无形的和不可摧毁的本质。

为了觉察到本体，你需要从思维中收回意识。这是你心灵旅程中最为关键的一步。这会将原来陷入多余无用的思维中的大量意识释放出来。一个简单有效的方法就是：将你的注意力从思维中直接转移到身体内，这样你就可以感受到那个内在无形的能量场，它就是代表你肉身生命力的本体。

与内在身体联结

现在就请试试看。闭上你的眼睛可能比较好。以后当你

第六章
内在身体

能轻易、自然地进入体内时，你就不需要再闭上眼睛了。现在，请将注意力转向你的身体，从内在感受它。它是活生生的吗？在你的双手、双臂、双腿、双脚以及腹部、胸部之中，是否有生命的存在？你能否感受到那个遍布全身、赋予每个细胞和器官活力的微妙能量呢？你能否同时在身体的各个部位感受到它是一个单一的能量场呢？请将你的注意力集中在感受你的内在身体上几分钟。别去思考它，感受它就可以了。你对它的注意力越集中，你的感觉就会越强烈、越清晰。你会觉得你体内的每一个细胞都变得更有活力。如果你的视觉观想能力比较强的话，也许你还会看到自己的身体变得透明光亮。尽管这种意象会暂时地帮助你，但是请你更多地去关注你的感觉而不是这种意象。意象，不管多么漂亮或有力，都已经受限于形式，所以无法带你进入更深的层次。

§

对体内的感受是无形的、无限的和深不可测的。你可以不断地进入更深。如果在这个阶段你的感受不是很强烈，就请关注你能感受得到的任何东西。或许你的手和脚有一些轻微的酥麻感。但是此刻这已经足够了。这时，请将注意力集中在你的感受上。你身体的生命力正在苏醒。稍后，我们会再做几次练习。现在，请睁开双眼，在环顾四周时请将注意力集中在你体内的能量场上。你的内在身体位于你的形式身份和真正本质之间的门槛上。无论如何请不要与它失去联系。

通过身体进行转化

为什么大部分宗教都谴责或否认身体呢？好像寻道者通常都将身体视为障碍甚至罪孽。

为什么只有少数的寻道者变成寻见者呢？

在身体这个层次，人与动物很相似。所有人类身体的基本功能——欢乐，痛苦，呼吸，吃饭，喝水，排便，睡觉，寻找配偶和生育的动力，生和死——都与动物很相似。人类从恩典与合一的状态中失落了很长一段时间之后，他们突然醒来，发现自己有了一个动物般的身体。这真的令人难以接受。当亚当和夏娃看到他们赤裸着身体时，他们开始害怕起来。这种对动物本性的无意识的抗拒很快产生了。他们了解到自己可能会被强大的本能动力所掌握，并退转回完全无意识，这种威胁感变得非常真实！针对身体的某个部分和功能，他们开始产生羞耻或禁忌感，特别是性方面。他们没有足够的意识来与自己的动物本性和谐相处，允许它们的存在并同时享受它们——更不要说深入它，找出其中隐藏的神性和幻觉中的真实了，所以他们做了些自认为必须做的事情。他们

第六章
内在身体

开始从自己的身体中分离开来。现在，他们认为自己是"拥有"一具躯体，而看不到身体的本质。

宗教兴起之后，这种人和身体分离的概念变成了所谓的"你不是你的身体"的信念。东西方各个年龄阶段的很多人都在通过对身体的否认来努力寻求上帝，寻求拯救和开悟。这样就导致了他们对感官喜悦，特别是对性的否认，还有禁食以及其他禁欲的方式。他们将身体视为罪恶的，所以企图通过折磨自己的身体来削弱或惩罚它。在基督教中，这种做法通常被称为"苦修"。其他人则通过入定或灵魂出体的方式来逃避身体。许多人现在仍然还在这样做。人们甚至说佛也通过6年的禁食、禁欲来拒绝身体，但是直到他放弃这种做法，他才获得了开悟。

事实上，没有人曾经通过拒绝身体、折磨身体或是身体经验来达到开悟。尽管这种体验令人向往并能使你短暂地从物质形式中解放出来，但是，你最终又会回到你的身体上来，因为转化的实质性工作是在身体上发生的。转化是通过身体而不是远离身体来完成的。这就是为什么真正的大师从不提倡以折磨或远离身体的方式来进行转化的原因。

我们是否有可能找回那些丢失的、有关身体意义方面的教材，或从现存的散落教材中重新将它编排呢？

没有必要。所有的灵性教材的来源都相同。从这个意义上说，我们只有一位大师，只是他以各种不同的形式表现而已。我就是那位大师，而你也是，只要你能够接触那个源头就行。接触这个源头的方式就是通过内在身体。尽管所有灵性教材的来源都相同，但是一旦它们被口述及撰写下来时，它们就变成了一些词句的组合了——而词句仅是一个路标而已，如我们刚才提到的。所有这些教材都是指向回到这个心灵资源的路标。

我已经谈论了隐藏在你体内的真理，但是我还是要再总结一下那些大师们失传的心灵教导——所以这又是另外一个路标。在你倾听我说话或读这本书时，请努力感受你的内在身体。

有关身体的训诫

被称为身体的这个密集的物质结构，受限于生、老、病、死，但这不是最终的真理——这不是真正的你。这是对你本质的误解，你的本质是超越生和死的。当你的心智与本体失去联系后，心智会将身体作为疏离信念的证据，并借身体把它的恐惧状态合理化，从而导致其自身的局限性，并进而导致对你本质的误解。在你寻求真理时，请不要将注意力移到别处，因为只有在你的身体内，你才能找到真理。

请不要对抗你的身体，因为这样做就是在对抗你的本质。

第六章
内在身体

> 请不要对抗你的身体，因为这样做就是在对抗你的本质。你就是你的身体。

你就是你的身体。你能看得见和摸得着的身体，只是一层幻想中的薄纱。在你的身体下面是无形的内在身体，是你通往本体、进入非显化生命的大门。通过你的内在身体，你可以与那个未显化的合一生命紧密相连，无生、无死，永恒存在。通过你的内在身体，你永远与上帝合一。

§

在体内深处扎根

与你内在身体永远联结的关键就是——时时刻刻地去感受它。这将会迅速改变和深化你的生命。你对内在身体投入的意识越多，你内在身体的振动频率就会越高，这就像打开调光开关并加强电流时，灯会变得更亮一样。在这个高能量的层次中，消极心态再也不会影响到你，并且你还会吸引能反映这种高频率振动的新情境。

如果你尽可能多地将注意力集中在身体内部，你就可以安住于当下，而不会在外界迷失自己，也不会在思维中迷失你对内在身体投入的意识越多，你内在身体的振动频率就会越高，这就像打开调光开关并加强电流时，灯会变得更亮一样。

自己。思维、情绪、恐惧和欲望可能或多或少还会存在，但是它们不能再控制你了。

请检查一下你此刻的注意力在何处。你可能在听我说话，也可能是在读这本书，这就是你注意力集中的地方。或者，你在注意你周围的环境、其他的人等。而且，围绕着你所听到的、你所读到的，你也许会有一些思维活动——一些心理评论。你没有必要让这些东西吸引所有的注意力。看看你是否能在同时与你的内在身体相联结。请留一些注意力在你的内在，别让它溜走了。从你的内在感受你的身体，把它当作单一的能量场来感觉，就好像你在用你的整个身体倾听或阅读一样。请你在未来的几天或几周内练习这个方法。

请不要将你所有的注意力集中在你的思维和外部世界上。尽量将注意力集中在你正在做的事情上，但是同时请尽可能地感受你的内在身体。在你的内在身体里扎根，然后观察这样做会如何改变你的意识状况和你做事的质量。无论你在何时何地等待，请利用这些等待的时间，来感受你的内在身体。通过这种方式，交通堵塞和排队，对于你将会成为一种享受。

第六章
内在身体

> 当你深深地扎根于你的体内,成为你思维的观察者时,你会很容易地进入当下时刻。

当深深地进入内在身体时,你就不是从心理上将你自己和当下分开,而是深深地进入当下。

内在身体的感知艺术,将会发展成一套全新的生活方式,一种与本体永远联结的状态,并且这还会为你的生命增加一定的深度,这是你之前从未感受到的。

当你深深地扎根于你的体内,成为你思维的观察者时,你会很容易地进入当下时刻。不管外界发生了什么事情,任何事情都不会动摇你。

除非你保持临在——扎根于内在身体通常是其关键部分——否则你将会被你的思维所控制。你很久以前脑袋里学会的内容和习惯性思考将会垄断你的思维和行为。你可能会短暂地从它们身上解放出来,但是绝对不会很久。当你遇到麻烦、失落或生气时,这种情况就更为明显了。这时,你那些被制约的反应就会不自觉地、自然地被恐惧——隐藏在你意识的思维认同状态下的情绪——所激起。

所以当你遇到这些挑战时——这是常见的——你要养成习惯,将注意力集中在你身体的内在能量场上。不需要花费太长的时间,几秒钟就够了。但是当挑战来临的那一刻,你就必须立即采取行动。任何延误都会让心理—情绪条件反射出现，并将你控制。当你将注意力集中在体内并感受它时，你就将意识从思维中撤离，从而会立即变得宁静并进入当下时刻。如果在当时需要你做出反应的话，那个反应将会从一个更深的层次出现——就像太阳永远比烛光明亮一样，本体中的智慧远比你大脑来得丰富。

耶稣曾说过一则关于两个男人盖房子的寓言。其中一个人在沙地上建了一座房子，后来暴风洪水把这座房子夷为平地；另外一个人则把地基挖得很深，直到见到岩石为止，因此这座房子可以经受洪水的冲袭而依然屹立。只要你有意识地与你的内在身体相联结，你就像一棵深植于土地上的大树，或者像一栋有着坚固地基的建筑物一样。

进入内在身体之前，请宽恕

当我将注意力集中在内在身体上时，我感觉很不舒服。我有一种焦虑和恶心的感觉。所以我不能体会到你所说的境界。

当你将注意力集中在内在身体之后，你会感觉到一些以前没有注意到的、被压抑了的情绪。除非你关注一下这些情绪，否则它们会阻止你进入更深一层的内在身体。关注并不

第六章
内在身体

是指让你开始思考它们,而是指去观察这些情绪,全然地感受它,并承认和接受它的现状。有些情绪是很容易被定义的,如愤怒、恐惧、悲伤等。有些情绪则比较难以下定义,它们可能是一些不安、沉重或压抑的模糊感受,介于情绪和生理感受之间。在任何情况下,重要的不是给它清楚地贴上标签,而是你是否能将你对它的感觉尽可能多地带进意识当中。在这个转化中,注意力是关键——倾注全部的注意力才意味着接纳。

在一个功能健全的有机体中,情绪有着非常短暂的寿命。它就像你存在层面上的一个短暂的涟漪或波浪。然而,当你没有将注意力放在你的内在时,情绪就会在你的体内生存几天或几周,或与其他的频率相近的情绪合并成痛苦之身。痛苦之身会寄生在你的体内多年,以你的负面能量为食,从而导致身体疾病,使你的生命痛苦不堪(请见第二章)。

所以请将注意力放在你情绪的感受上,并检查你的思维是否停留在一个怨恨的模式上,比如责备、自怜或者仇恨。这些会喂养你的负面情绪。如果是这样的话,就说明你还没有宽恕。不宽恕的矛头通常会指向其他人或者你自己,但是它也可能指向一种情况或者情境——过去、现在和未来——你思维拒绝接受的东西。是的,我们甚至不能宽恕未来。这是思维对不确定因素的拒绝,对未来的不可控制性的拒绝。宽恕就是放下怨恨,同时放下悲痛。一旦你认识到愤

> 宽恕就是放下怨恨，同时放下悲痛。
> 宽恕是不去抗拒生命，容许生命经由你而
> 活出自己。

恨除了加强你虚假的自我感之外别无用处时，你就会很自然地宽恕。宽恕是不去抗拒生命，容许生命经由你而活出自己。除此之外，你的唯一选择就是痛苦和受难，让生命能量受限制，同时身体也可能出现疾病。

在你真正宽恕的那一刻，你已经从你的思维中收回能量了。怨恨是思维的本质，就像思维创造的虚假自我一样，离开了挣扎和冲突后，它就不能生存。思维是不会宽恕的，只有你才能。你可以变得临在，你可以进入你的身体，你可以感受来自你本体的平和与宁静。这就是耶稣说"在你进入寺庙之前，请宽恕"的原因。

§

你与未显化状态之间的联系

> 临在与内在身体之间的关系是什么？

临在是一种纯意识——从思维、从形式世界中收回的意

第六章
内在身体

识。内在身体是你与不显化状态之间的联系,在内在身体的最深处就是不显化状态:像光亮从太阳中散发出来一样,它是散发意识的源头。对内在身体的感知就是意识记起了它的出处而回归源头。

未显化状态与本体状态相同吗?

是的。未显化状态试图通过否定的方式来表达那些无法说出、无法思考或无法想象的东西,它通过排除它不是什么,来说明它是什么。而本体是一个肯定词。请不要执着于这些词或迷信于它们,它们只不过是一些路标罢了!

你刚才说临在是从思维中收回的意识。那么是谁来收回这些意识呢?

是你。但是由于你的本质是意识,所以也可以说是意识从形式的梦幻中醒了。这并不是说,你自己的形式在遇到意识之光后会立即消失。你还是可以在保持当下形式的同时,感受到你内在深处那种无形式、无死亡的状态。

我不得不承认这超越了我的理解能力,但是在更深的层次,我似乎理解你所说的。它更像一种感觉而不是其他的东西。我在欺骗自己吗?

不,你没有欺骗你自己。感觉会比思考更让你接近你是谁的事实。我所告诉你的都是你内在深处已经知道的东西。当你达到了与内在联结的某个阶段后,当你听到真理时,你就会认出它来。如果你还没有达到那个阶段,身体觉察的练习会帮助你深化到那个阶段。

减缓衰老的过程

对内在身体的觉知在生理方面还有其他的益处,其中之一就是大大地减缓身体衰老的速度。尽管身体会随着时间的推移而变老,但是内在身体却不会随着时间而变化,你反而会随着时间更深入地感觉它。如果你今年20岁,你体内的能量和你到了80岁时的能量一样,它的生命力还是一样旺盛。只要你惯常的状态能从体外和思维中转移到体内并保持临在,你的身体就会感觉更轻松、更有活力。由于体内有更多的意识,它的分子结构实际上会较不紧密。更多的意识意味着更少的物质幻象。

当你对无时间性的内在身体的认同多于对外在身体的认同,当本体变成你正常的意识模式,并且过去和未来不再控制你的注意力时,你就不会在你的心理和身体细胞上积累更多的时间。作为过去和未来的心理负担的时间积累会大大损坏细胞的自我更新能力。所以如果你进驻自己的内在身体,你的身体就会衰老得更慢些。即使当你的身体真正地衰老时,

第六章
内在身体

> 如果你进驻自己的内在身体，你的身体就会衰老得更慢些。即使当你的身体真正地衰老时，你无时间性的本质将会从你的身体穿透出来，并使你看上去更年轻。

你无时间性的本质将会从你的身体穿透出来，并使你看上去更年轻。

这有科学证据吗？

试试看，你将会是证据。

加强你的免疫系统

这个练习在生理方面的另外一个益处就是可以加强你的免疫力。你对身体投入的意识越多，你的免疫系统就会变得越强，好像每个细胞都被激活并欢跃一样。你的身体喜欢你的注意力。它同样也是一个很强的自我治疗体系。当你不进驻自己的身体里时，大部分疾病就会乘虚而入。如果主人长期不在，各种角色便会"入住"。当你进驻自己的身体里时，一些不受欢迎的"客人"就会很难入侵。

不仅你的身体免疫系统会得到加强，你的精神免疫系统也会得到提升。后者可保护你不受他人消极的心理—情绪力量的影响，这种消极力量是具有传染性的。关注身体并不是帮助你设立屏障，而是加强你的能量振动频率，所以任何低频率振动的东西（比如害怕、愤怒、抑郁等）会完全在一个与你不同层次的现实之中。它们不会再进入你的意识领域。即使进入了，你也没有必要去拒绝它们，因为它们很快就会穿越你而消失。请不要就此接受或否定我刚才说的话。你自己试试看就知道了。

无论何时，当你感到需要加强自己的免疫系统时，这里有一个非常简单且有效的自我疗愈冥想方法。如果你刚感觉到疾病的征兆就做的话，这种方法尤其有效。如果你已经病了，只要你高度集中注意力多练习几次，也会有效。它也可以通过消除负面情绪来阻断它们对你能量场的破坏。然而，这种方法不能取代你时时刻刻对进驻体内的练习；否则，它就只会有短暂的效果了。练习如下：

当你有几分钟空闲时，尤其是晚上临睡前和早晨起床的时间，请让意识流遍你的全身。闭上眼睛，平躺着。首先将注意力轮流集中在你身体的不同部位——双手、双脚、手臂、大腿、腹部、胸部、头部等。尽可能强烈地感受这些部位内的生命能量，在每个部位停留15秒钟左右的时间。接下来，从脚到头，再从头到脚，让注意力一次又一次地像波浪一样通过你的身体。反复练习几次。这只需要几分钟的时间。然后，将你的内在身体看成完整的单一能量场，并且去感受它。

第六章
内在身体

> 任何时候当你发现你很难与你的内在身体相联结时，可以先把注意力集中在你的呼吸上。

请将这种感觉保持几分钟时间。这时，请保持高度临在，感受你身体的每一个细胞。如果思维偶尔扰乱你的注意力，请不要担心。当你注意到这种情况发生时，把注意力转回你的体内即可。

让呼吸带你进入内在身体

> 有时，当我的思维非常活跃时，我发现我不能将注意力从思维中转移开，去感受我的内在身体。当我感到忧心或焦虑时，情况尤为如此。你有什么好的建议吗？

任何时候当你发现你很难与你的内在身体相联结时，可以先把注意力集中在你的呼吸上。有意识的呼吸，本身就是一种强而有力的冥想方式，它会逐渐使你与你的身体相联结。随着气息的出入，关注你的呼吸。呼吸时感受你腹部轻微的扩张和收缩。如果冥想对你来说容易的话，请闭上双眼，并想象你被光亮包围或沉浸于发光的物体之中——意识的大海，然后在这光中呼吸。之后，感受这种发光的物体遍布你的全

> 别用你的大脑思考问题，而是用你的
> 身体去思考问题。

身，并使你的身体也变得发亮。然后逐渐地将注意力更多地集中在你的感觉上，不要执着于任何出现的意象上，这样你就可以进入你的体内了。

创造性地使用你的大脑

如果你为了一个特殊目的而需要运用你的思维，请将你的思维与内在身体联结在一起。当你在没有思想的情况下而保持意识时，你就能创造性地运用你的思维，而进入这种状态的最容易的方法就是通过你的身体。无论何时，当你需要一个答案、一个解决方案或一个创意时，停止思维片刻，把你的注意力集中在你内在的能量场上，觉察这种内在的平静状态。当你重新开始思考时，你的思维将会变得新鲜且具有创造性。在任何思维活动中，请习惯性地徘徊于思考和对内心的倾听之间。我们可以这样说：别用你的大脑思考问题，而是用你的身体去思考问题。

第六章
内在身体

> 大部分的人际关系主要由思维互动组成，而不是由人类之间的相互沟通和合一组成。这就是为什么在人际关系中有如此多的冲突的原因。

§

倾听的艺术

当倾听别人说话时，不要仅用大脑去聆听，还要用整个身体去聆听。在倾听的时候，去感受你内在身体的能量场，从而将你的注意力从思维中带走，创造一个真正没有思维干扰的、便于真正倾听的宁静空间。这样你就会给予其他人空间——存在的空间。这是你可以给别人的最珍贵的礼物。大部分人不知道如何去倾听别人说话，因为他们的大部分注意力都被思维所占据。他们赋予自己思维的注意力比赋予别人说话内容的注意力要多得多，而对于真正重要的东西——别人话语和思维之下的本体，却丝毫没有留意。当然，你只能通过自己的本体才能感受到别人的本体。这体现的就是合一，就是爱的开始。在本体的层面上，你与万物是合一的。

大部分的人际关系主要由思维互动组成，而不是由人类之间的相互沟通和合一组成。在这种方式下，没有任何一种关系可以得到很好的发展,并且这就是为什么在人际关系中有如此多的冲突的原因。当思维控制着你的生活时,冲突、斗争和麻烦就是不可避免的。与你的内在身体相联结并创造一个纯净的无思维空间——在这个空间里,人与人之间的关系就会得到良好的发展。

第七章
进入未显化状态的大门

THE POWER OF NOW

深深地进入你的体内

> 我可以感受得到我体内的能量,尤其是我手臂和双腿内的能量,但是我似乎不能像你先前说的,再进一步地深入了。

请试试下面这个冥想。不需要花很长的时间,10~15分钟就够了。首先请确定不会有外界的干扰,比如电话或可能打扰你的人。请坐在椅子上,但不要靠着椅背,让你的脊椎与地面保持垂直。这样做会有助于你保持警惕。此外,你也可以选择你喜欢的其他姿势来做冥想。

请确保身体的放松,闭上眼睛,深呼吸几次。在你呼吸时,请感受下腹部轻微的收缩与扩张。然后，请关注你整个身体内的能量场。别去思考它——感受它就可以了。这样做，你就可以从自己的思维中收回意识。如果你觉得我之前描述过的"光亮"观想法有用的话，也可以使用它。

当你能将内在身体作为清晰的单一能量场去感受时，如果可能，请丢掉任何的想象，并将注意力完全集中在你的感受上。再可能的话，请你停止任何有关身体的意象。这样，你所剩下的就是包容一切的临在感和本体感，你也会感觉到内在身体的无边无界。然后，请你将注意力更多地投入到这种感觉上，并与其融为一体，与能量场融为一体，这样就不会再有观察者和被观察者的二元性，你和你身体的二元性。这时，内体和外体的区别也消失了，所谓的内在身体已经不存在了。通过深深地进入你的身体，你就可超越你的身体。

只要你觉得舒适，就尽量停留在这个纯粹存在的领域内；然后再次关注你的身体、你的呼吸和你的身体感觉。睁开眼睛，以一种冥想的方式观察你周围的环境几分钟，也就是说，不从心理上去给它们贴标签，而继续感受你的内在身体。

§

能够进入这种无形的领域就是真正的解放。它将你从形式的约束和认同中解放出来。这就是生命因分裂演化而造成多样性之前的那种无差别状态。我们可以称它为未显化状

第七章
进入未显化状态的大门

> 能够进入这种无形的领域就是真正的解放。

态——万物的无形源头,众生的内在存在。这是一种深深的宁静与和平的领域,有着喜悦和充沛的活力。无论何时当你处于临在状态,你就在一定程度上对光变得透明,而这光就是从这种源头中发散出来的纯意识。你就会了解光不但从未与你分离,而且它就是你的本质。

气的源头

> 在东方,这种未显化状态是否被称为气,一种宇宙生命能量?

不,它不是。未显化状态是气的来源。气是你身体内部的能量场,是你的外体和源头之间的桥梁。它处于显化状态(也就是这个形式世界)和未显化状态当中。我们可以将气比喻成一条河流或一个能量源。如果你将注意力深深地集中在内在身体,你就是在沿着这条河流走向它的源头。气是动态的,未显化状态则是静止的。当你达到了一个绝对的静止状态时,你就已经超越了你的内在身体,超越了气,而来到了无形的源头——未显化状态。气是未显化状态和物质世界之间的桥梁。

所以，如果你将注意力集中在你的体内，你可能会达到这种境界，这个合一的状态。在这里，物质世界融入了未显化状态，而未显化状态以气的能量流形成了物质世界。这是生与死的交点。当你的意识被导向外在时，思维和这个物质世界就成了主导；当你的意识被导向内在时，它就会感知到自己的源头而回到了未显化状态，那里是它的家。然后，当你的意识再度回到这个显化的世界中时，你又重新开始了这种刚才被你暂时放弃的形式身份。在这里，你有名字、过去、生活情境和未来。但关键的一点是你不再是过去的你：你可能会看到一个不属于这个世界的、处于你内在的本质，它与这个世界是合一的，它从未离开过你。

现在，请做这种修炼：在日常生活中，不要百分之百地将你的注意力放在外部世界和你的思维上，请在内在保持一些注意力。我已经谈论过这个问题了。当你在做一些日常活动时，特别是当你与人交往或当你与大自然接触时，请去感受你的内在身体，去感受你体内深处的宁静，将你体内的大门打开。在日常生活中，随时都可以保持对未显化状态的觉知。你可以感觉到生活背景中的一种深深的平和感，一种无论发生什么都永远不会消失的宁静。你将成为未显化和显化、上帝与世界之间的桥梁。这就是所谓的开悟：一种与源头的

第七章
进入未显化状态的大门

> 每晚，当你进入深层的无梦睡眠时，你就进入了这种未显化的状态。你与源头融为一体。

联结状态。

请不要误认为未显化状态与显化状态是分开的。怎么会呢？它是每个形式内的生命，所有形式存在的内在本质。它充斥着整个世界。现在我来解释一下。

无梦睡眠

每晚，当你进入深层的无梦睡眠时，你就进入了这种未显化的状态。你与源头融为一体。你从这种状态中获取了回到显化世界的生命能量，它可以让你在这个分离形式的世界中支撑一段时间。这种能量比食物的能量更大，但是在无梦睡眠的状态中，你不是有意识地进入这种状态的。虽然你的身体功能仍在运作，但是"你"已不再存在于那种状态中了。你能想象以全意识进入无梦睡眠状态的情形吗？不可能的，因为这种状态没有内容。

直到你有意识地进入未显化状态时，它才会将你解放出来。这就是为什么耶稣没说"真理将会使你获得自由"，而是说"你将会知晓真理，而真理将会使你获得自由"。这不是一个概念上的真理，而是一个超越形式的、关于永恒生命的真理。你只能直接地知晓它，或是完全不知道。但是请不要试着在无梦睡眠中保持意识。你不会成功的。最多，你只能在有梦的阶段保持意识，但是超越这个阶段，你就无法保持意识了。这叫作清晰的梦，这可能会很有趣、很吸引人，但是它不会使你得到解放。

所以将你的内在身体作为大门，通过这扇大门进入未显化状态，将这扇大门敞开，这样你就会时刻与源头保持联系。不管你的外在形体是衰老还是年轻，是虚弱还是强壮，只要你与内在身体相联结，就不会有区别。内在身体是无时间性的。如果你感受不到你的内在身体，请利用其他的大门，虽然最终它们都是同一扇门。我已经用了很多篇幅谈论相关的问题，在这里我还是想继续谈论其中的一些内容。

其他的大门

当下可被看成是进入未显化状态的主要的大门。它是进入其他任何大门，包括内在身体的关键部分。在当下，如果你不能强烈地感受你的临在，你就不能进入你的身体。

就像无时间的当下时刻和未显化状态一样，时间和显化状态之间也是密不可分的。当你通过高度临在时刻的觉知而瓦解了心理时间时，你就直接地或间接地意识到了未显化状

第七章
进入未显化状态的大门

态。直接的方面,你感觉它就像你有意识的临在的强大力量和光芒——没有内容,只有临在。间接的方面,在整个感官领域,你觉察到了这种未显化状态。换句话说,你感受到了每个生物、每枝花朵、每块石头内的神圣本质,同时你会了解:"所有的一切都那么神圣。"

另外一扇进入未显化状态的大门是停止思维活动。这个过程可以从一件非常简单的事情开始,比如进行一次有意识的深呼吸,或是专心地观赏一朵花,这样就不会有心理评论出现了。有许多种方法可用来在思维流之中创造间隙。这就是冥想的真谛。思维属于显化状态的一部分。持续不断的思维活动会将你限制在形式的世界中,并设置一个屏障,阻止你意识到未显化状态,以及你和万事万物内那个无时间、无形式的神的本质。当你高度临在时,你就不需要关切思维的停止,因为那时思维活动会自动停息。这就是我说当下时刻是进入每扇大门的关键的原因。

臣服——放下对本然(事实)的心理—情绪的抗拒,同样也可以成为进入不显化状态的一扇大门。这其中的原因很简单:内心的抗拒会将你与其他人、与你自己、与你周围的世界分开。它加强了小我所赖以生存的孤立感。你孤立的感觉越强烈,你就会越多地受限于显化状态,受限于由孤立形式组成的世界。你因在形式的世界里越深,你的形式身份就越坚固,越难以逾越。大门紧闭了,你切断了与内在维

> 爱不是一扇大门，它是通过这扇大门
> 进入世界的东西。

度——深层维度的联系。而在臣服的状态中，你的形式身份软化了，同时变得比较透明，这样未显化状态就会透过你的身体展现。

你是否要打开你生命的一扇大门，并让你的意识进入未显化状态，这是你的选择。与体内的能量场相联系，保持高度临在状态，不要与你的思维认同，向本然臣服——这些都是你可以利用的大门，但是，你只需要一扇就够了。

爱当然也是其中的一扇大门喽？

不，不是的。只要其中的一扇大门敞开了，爱，就会作为一种"感受和理解"的合一物态在你之内。爱不是一扇大门，它是通过这扇大门进入世界的东西。如果你完全被困于你的形式身份之中，爱就不会存在。你的任务不是去寻找爱，而是寻找一扇能通往爱的大门。

寂静

除了你刚才提到的之外，是否还有其他的大门？

第七章
进入未显化状态的大门

> 每一种声音都源于寂静，又消失在寂静中，它所存在的每一刻，都被寂静围绕着。

是的，还有。未显化状态不是独立于显化状态的。未显化状态弥漫于整个世界，但是它掩饰得如此完美，以至于几乎所有人都完全错过了它。如果你知道如何去寻找，你会在到处都看得到，它随时都有一扇大门会敞开。

你听到过远处的狗叫声，或者汽车开过时的声音吗？请认真地倾听。你能感受得到它们之内那个未显化状态的临在吗？你不能吗？请在声音源头和归处的寂静中寻找它。将你的注意力更多地集中在寂静上而不是声音上。将你的注意力集中在外部的寂静，会创造内在的寂静：思维停止了。大门正在打开。

每一种声音都源于寂静，又消失在寂静中，它所存在的每一刻，都被寂静围绕着。寂静创造了声音。它是每种声音、每个音符、每首歌曲、每句话语内在的未显化的部分。未显化状态是以寂静临在于这个世界上的。你所需要做的，就是将注意力集中在它的身上。即使你在与别人谈话，你也可以将注意力集中在词与词之间、句与句之间的间隔上，这样，寂静的范围就会在你的体内扩展。除非你能够进入寂静状态，否则你就无法将注意力集中在寂静上。寂静在外，定静在内，你已进入了未显化的世界。

> 即使表面上看起来坚固的东西，包括你的身体在内，几乎都有百分之百的空间。

空间

就像声音离开了寂静就无法存在一样，如果没有无物（nothing），没有安置物体的空间，物体也不会存在。每一个物体或身体都源于无物，并被无物包围，最终又会回到无物状态。不仅如此，在每个物体的内部，"无"远多于"有"。物理学家告诉我们，物质的坚固特性其实是我们的一种错觉。即使表面上看起来坚固的东西，包括你的身体在内，几乎都有百分之百的空间。而且，原子之间的距离，以原子的大小来说真是巨大无比，即使在原子内部也有巨大的空间。这种感觉更像振动的频率，而不是坚固物体的粒子，或更像一个音符。佛教徒 2 500 年前就知道了："色即是空，空即是色。"万物的本质都是空。

未显化状态在这个世界上不仅仅作为寂静存在，它还作为空间充斥于这整个物质世界中。就像寂静一样，我们很容易忽略空间。每个人都将注意力集中在空间里的事物上，谁会注意空间本身呢？

第七章
进入未显化状态的大门

你似乎在暗示：空或者无物不仅仅是什么都没有，而且还很神秘。到底什么是无物？

你不能这样问这个问题。你的思维在努力地将无物转变为物体。在你将它转变为物体的那一刻，你已经丢失了它。无物—空间，是未显化状态以外显的方式出现在感官的世界中。这是我们所能做的最好的表达了。即使这样，这种说法还是有点自相矛盾。它是不能成为一个学科的，你不能获得"无物"专业博士学位。当科学家们研究空间时，他们通常将它看成"有物"，因此他们完全错失了空间的本质。所以，最近的理论说空间根本不是空的，空间中充满了物质，这也不令人感到惊讶了！一旦你有了一个理论，你就会很容易找到证据来证明它，至少在其他的理论出现之前都是这样的。

"无物"只有在你不去理解或掌握它的时候，才能成为你进入未显化状态的一扇大门。

这难道不是我们正在做的事情吗？

不，不是的。我是在给你一些提示，向你显示如何将未显化状态带进你的生命中。我们不是在努力地去理解它，因为没有东西要去理解。

空间中没有"存在"。"存在"（to exist）字面上的意思是"显现"（to stand out）。你不可能去理解空间，因为它不会显现。尽管空间不存在，但是它却使得别的东西得以存在。宁静也不存在，未显化状态也不存在。

所以如果你将注意力从空间内的物体移开，而开始关注空间时，会发生什么事情？这个房间的本质是什么？这些家具、图画等之类的东西在房子里，但它们不是这个房间。地板、墙壁和大花板确定了房间的范围，但它们也不是这个房间。房间的本质究竟是什么呢？空间，当然是空空如也的空间。离开了空间就不会有房子，因为空间是"无物"，所以我们可以说，那里没有的东西比那里有的东西更为重要。因此请你去"意识"那些围绕着你的空间，别去思考它。感觉它就可以了。请关注"无物"。

当你这样做时，在你的内心就会发生意识的转变。原因是，在内心，与空间里的物体（如家具、墙等）相对应的是你的思维"物体"：观点、情绪和感受。而空间的对应物是使你思维"物体"存在的意识，就像空间使得万物存在一样。所以如果你将你的注意力从事物——空间的物体上移开，你就会自动地将你的注意力从思维上移开。换句话说，你不可能同时去思考空间而又觉知到空间——宁静也是一样。但是通过觉知你周围的空间，你会同时意识到无思维的空间，纯意识的空间：未显化状态。这就是对空间的沉思如何变成一扇大门的方法。

空间和宁静是同一件事的两个方面，是相同的"无物"。

第七章
进入未显化状态的大门

它们是内部空间和内部寂静的外显。就是定静，也是孕育万物的温床。然而，大部分人完全没有意识到这种状态。对他们而言，内在空间和定静是不存在的。他们失去了平衡。换句话说，他们知道这个世界，或者认为他们知道，但是他们却不知道上帝。他们完全认同于他们的身体和心理形式，对自己的本质毫无认识，而所有形式都是极度不稳定的，所以他们又生活在恐惧当中。这种恐惧导致了他们对自己和别人的深深的误解，也扭曲了他们的世界观。

如果你有意识地与未显化状态相联结，你将会珍惜、热爱并深深地尊重显化状态和显化状态下的每一个生命形式，因为它们都是超越形式的那个合一生命的一种表达。你同样也会知道，每一个生命形式最终都会消失。总之，世间的一切都不是那么重要了。用耶稣的话说，"你已经征服了世界"，或者用佛陀的话说，"你已经到达了彼岸"。

空间和时间的真正本质

请想一想：如果这个世界上除了宁静之外别无他物，那么宁静就不存在了；你也不会知道什么是宁静。只有当声音存在时，才会产生宁静。同样，如果在这个世界上，除了空间之外别无他物，那就不会有空间。将你自己想象成一个意识点，你在广袤的太空中飘浮——没有星星，没有银河，只

> 更令人敬畏和惊讶的是无限宽广的空间本身，空间的深度和寂静造就了所有的伟大。

有空空的空间。突然间，空间不会再如此广阔，它将不复存在。这时，空间中也不会有速度和运动的存在。距离和空间的产生至少需要两个参照点。空间正如老子所称的在"道"中，"一生二"的那一刻产生，而在"二生三，三生万物"之后，空间变得越来越广阔。所以世界和空间是同时产生的。

离开了空间，任何事情将不会存在，然而空间却是无物。在宇宙产生之前，也就是所谓的大爆炸之前，并没有一个巨大的空间等待着物体出现好来占据它。当时因为没有事物存在，所以也没空间，只有未显化状态——"一"。当"一"生万物时，空间突然存在，并且使得万物开始展现。这个空间源于哪里呢？它是上帝为了宇宙而创造的吗？当然不是。空间就是无物，所以它从未被创造过。

选一个明朗的夜晚出去走走，抬头看一下天空。你肉眼所见到的无数颗星星，只不过是宇宙的一小部分。我们用最高倍的天文望远镜已经观察到了超过10兆个银河，同时每一个银河系自己都有无数颗星星。然而，更令人敬畏和惊讶的是无限宽广的空间本身，空间的深度和寂静造就了所有的伟大。没有东西比空间的广阔和宁静更为壮观了。然而，空间

第七章
进入未显化状态的大门

> 因为你，宇宙的神圣目的才会展示出来。你是多么的重要！

是什么？空无，广大的空无。

我们通过思维和感觉所感知到的宇宙空间，就是未显化状态本身的外显状态。它是上帝的"身体"，而且最大的奥秘就是：寂静和广阔造就了宇宙，但是它们不仅仅存在于空间之中，还存于你之内。当你完全地进入当下时刻时，就会遇到这种无思维的宁静的内在空间。在你的内在，它无限深，但并不是无限广。空间的无限广其实是对无限深的一种误解，无限深是一个超越现实的属性。

> 爱因斯坦说，空间和时间是不可分离的。我不是很了解这句话的含义，但是我认为他是说时间是空间的第四维度。他称之为"时空连续体"。

是的，你在外所感知的时间和空间是一种幻象，但是它们包含着一个核心的事实。它们是上帝的两个属性：无限和永恒，然而在你感知上，好像他们存在于你之外。在你之内，空间和时间都有其对应物，揭露它们自己的和你的真正本质。空间的内在对应是寂静，无限深入无念的领域。时间的内在对应物是临在，永恒的当下的意识。记住，它们之间其实并没有区别。当空间和时间作为未显化状态——无念和临在——在内在被实现时，外部空间和时间继续存在，但是它们变得不那么重要了。世界，同样继续存在，但是它不会再约束你。

因此，世界的最终目的不在于世界中，而是在于超越世界。就像如果空间内没有物体，你就不会意识到空间一样，这个世界就是为了实现未显化状态而存在的。你可能听过佛教徒说："借假修真。"未显化状态通过这个世界并最终通过你，才能知晓它自己。因为你，宇宙的神圣目的才会展示出来。你是多么的重要！

第八章
开悟的爱情关系

随处进入当下

我一直以为，真正的开悟需要通过男女之间的真正爱情才会实现，否则是不可能的。难道我们不是因为这样才再次变成一个整体的吗？除非这种情况发生，不然一个人的生命怎么会得到满足呢？

你有过这种体验吗？在你身上发生过这种事情吗？

没有，但是还会有别的可能吗？我知道它将会发生。

换句话说，你在时间中等待一件事情来拯救

你。这不是我们一直在谈论的主要错误吗？拯救不在空间或时间内。它就在此时此地。

"拯救就在此时此地"是什么意思？我不明白。我甚至不知道"拯救"的意思。

人部分人追求肉体上的欢愉或者各种形式的心理满足，因为他们相信这些事情会使他们幸福或者会将他们从恐惧或匮乏的感觉中解放出来。幸福可以被视为一种源于肉体享乐的富有活力的感觉，或者是一种源于某种心理满足的更为安全、更为圆满的自我感觉。这就是从不满足或匮乏感中去寻找拯救。不变的是，他们所获取的任何满足都是短暂的，都远离了此时此地。"当我获得了这个或从那个中解放出来时，我就好了。"这创造了在未来可以获得拯救的幻象，是一种无意识的思维。

真正的拯救是成就满足，是和平，是生命的圆满。它就是做你自己，在你的体内感受没有对立面的美善。在这种状态中，你本体的喜悦不依赖于任何外界的事物；真正的拯救是了解到，你是那个滋生万物的无时间、无形式的至一生命不可分割的一部分。

真正的拯救是一种自由状态——从恐惧、痛苦、匮乏和不满的感觉中解脱，从所有的欲望需求、占据和依赖中解放出来。它是从强迫性思维、消极心态，最重要的是，

第八章
开悟的爱情关系

> 真正的拯救是一种自由状态——从恐惧、痛苦、匮乏和不满的感觉中解脱,从所有的欲望需求、占据和依赖中解放出来。

从以心理需求形成的过去和未来中解脱。你的思维不断告诉你,你不能从这里到那里。必须有些事先发生了,或是你必经成为这个或那个,你才可能被解放或得到满足。实际上,你的大脑说,在你被解放或变得圆满之前,你需要时间来寻找、挑选、达到、获得、成为或理解某事。你视时间为达到救赎的手段,事实上时间是救赎的最大障碍。你认为,此刻由于你还不够圆满或不够好,所以你不能从你的现实情况中到达那里,实际上,此时此地是你到达那里的唯一途径。通过认识到你已经在那里了,你才能到达那里。当你认识到你没有必要去寻找神的那一刻,你就已经找到神了。所以拯救的方法不止一个:你可以利用任何一个条件,但不需要任何特殊的条件。然而,获取拯救的大门却只有一个:进入当下。离开当下时刻你就无法得到拯救。你感觉孤单吗?在生活中你没有伙伴吗?就从那里进入当下时刻吧。你在一个爱情关系中吗?就从那里进入当下时刻吧。

只有此刻才会使你更加靠近拯救。这种说法,对总以为未来才是有价值的思维来说,很难接受。过去你做的任何事通过认识到你已经在那里了，你才能到达那里。当你认识到你没有必要去寻找神的那一刻，你就已经找到神了。

情，或过去发生在你身上的任何事情，都不能阻止你对当下说"是"，也不能阻止你更深地进入当下。

§

爱与恨的关系

除非你拥有当下时刻的意识频率，否则你所有的人际关系，尤其是爱情关系，都会有缺陷并最终失调。它们可能暂时看起来很完美——比如当你坠入爱河时——但始终不变的是，这种表面上的完美会随着争论、冲突、不满以及情绪甚至身体暴力的逐渐频繁发生而受挫。不久以后，大部分的爱情关系似乎都会变得爱恨交织。爱可以瞬间变成野蛮的攻击或情感的敌对，这是很常见的事。然后这种关系可能会在爱与恨的两极之间徘徊一阵，可以是几分钟、几个月或者几年。爱给予你的痛苦就像给予你的欢乐一样多。通常，情侣们对这种周期性变化都很上瘾。这样戏剧化的方式使得他们活得更带劲儿！当积极与消极这两极之间失去平衡时，消极的和

第八章
开悟的爱情关系

> 爱给予你的痛苦就像给予你的欢乐一样多。

毁灭性的情感周期就会越来越频繁地出现,这似乎是迟早的事,然后离关系最终破裂也就为期不远了。

如果你以为消除了这种消极的破坏性周期,所有的一切就会变得美好,爱情关系就会像花朵一样盛开,那么你就错了,因为这是不可能的。这两极是相互依赖、不可分割的。积极之中包含着未显化的消极成分。实际上两者是相同的功能失调的两个不同的方面。我在这里所说的是浪漫的爱情关系——不是真爱,真爱是没有对立面的,因为它是超越大脑而产生的。爱是难以持久不变的,就像有意识的人一样,非常稀少。不过当思维流产生空隙时,我们可能对爱有惊鸿一瞥。

我们都倾向于把爱情存在的障碍归因于爱情关系的消极面;同样,你也可能把障碍的产生归因于你的伴侣,而不是你自己。它可以有多种表现方式:占有、嫉妒、控制、被动、无言的怨恨、好胜、冷漠、情感需求、操纵、争论、批评、判断、责备、攻击、愤怒、对过去父母加诸的伤害无意识的报复、暴怒和身体暴力等。

在积极的一面,你与你的伴侣相爱。一开始,这是一种深深的满足状态。你感到充满活力。你的存在突然变得有意义起来，因为有人想念你，需要你，使你变得特殊，对对方来说也是一样。当你们在一起的时候，你感觉很圆满。这种感觉变得如此强烈，以至于世界上的其他任何东西都变得没有意义起来。

然而，你可能还会注意到，在这种强烈的感觉中，有需要和依赖的成分。你们相互吸引，相互迷恋。他或她就像药物一样让你上瘾。当拥有这种药物时，你会处于高度兴奋的状态。而对方如果有离开你的可能或你有这种想法时，你就会嫉妒，企图通过要挟、责备或指控来操纵一切，这源于你对失去的恐惧。如果对方真的离开了你，这可能会导致你最为强烈的敌意或最为深刻的痛苦和绝望。这时，爱又在哪里？爱会在瞬间就转向它的对立面吗？当初的那些是爱，还是上了瘾的控制和依赖呢？

沉溺上瘾和追寻圆满

我们为什么会对其他人沉溺上瘾呢？

浪漫的爱情关系为什么是这种强烈的、广受欢迎的体验呢？原因在于它似乎可以使人从深层的恐惧、需求、匮乏和不圆满的状态中解放出来。这种状态是人类尚未得到拯救的、未开悟的一部分，其中包含了人类生理上和心理上的因素。

第八章
开悟的爱情关系

在生理方面,你明显不是一个整体,永远都不会是:你不是个男人,就是个女人,你只是这个整体中的一半。对这种整体圆满的渴望——回复合一状态的渴望,就促使男女之间相互吸引,男人需要女人,女人同样也需要男人。这几乎是一种对与异性能量结合的不可抵挡的渴望。造成这种生理渴望的根本原因是有关心灵方面的:对二元终结的渴望,回到整体圆满的状态。在生理方面,性结合使你最能接近这种状态。这就是为什么性在生理方面能提供令人最满足的体验的原因。但是性结合只能让人短暂地感受这种整体圆满状态,一种速成的欢愉。如果你将这种圆满状态视为一种拯救方式并无意识地寻求它,那么你就是企图在形式的层次来终结二者之对立,这是不可能的。你仅瞥见了天堂,却不允许在那里长期居住,你又回到了一个分离孤立的身体中。

在心理方面,缺乏和不完整的感觉甚至比在生理方面还要强烈。只要你认同你的思维,你的自我感就是源于外在。也就是说,你从那些与你的自我感丝毫没有任何关系的事情中——你的社会角色、财产、外表、成功与失败、信仰等——寻找你的自我感。

这种虚假的、由思维引发的自我感——小我很脆弱,很不安全,并且不断地寻找新的事物来认同,以便让它感觉到自己的存在。但是没有任何事情可以让小我得到永久满足,恐惧感仍会存在,缺乏和需求的感觉也仍然存在。

这时，一种特殊的关系出现了。它似乎是所有小我问题和满足所有小我需求的答案。所有你过去赖以获取自我感的东西，现在变得不那么重要了。此刻，你有了一个替代所有这些事情的单一聚焦点，这个聚焦点赋予了你生命的意义：你有所爱了！你不再是这个冷漠世界上的孤立碎片，至少看起来不是了！现在你的世界有了一个中心：你爱的人。事实上，这个中心仍然处于你的身外，因此，你的自我感还是源于外在，但在一开始，这看起来也不重要。重要的是，那些小我之下特有的不完整感、恐惧、缺乏感和不满足感已经不存在了。它们真的不存在了吗？它们消失了，还是继续存在于幸福的表面下？

如果在爱情关系中，你既体验到了爱，又体验到了爱的对立面——攻击和情感暴力等——那么你很可能就是将自我依恋和沉溺上瘾与爱混淆在一起了。你不可能在这一刻爱你的伴侣，而在下一刻马上攻击他或她。真爱是没有对立面的。如果你的"爱"有对立面，那么这就不是真爱，而是小我对更深层、更完整的自我感的需求，一种其他人暂时能满足的需求。它是拯救自我的替代品，短期内，它带给你的感觉还真像被拯救。

但是，有一天，当你的伴侣没有满足你的要求，即没有满足你小我的需求时，问题就出现了。这时，被爱情关系所暂时遮盖的自我意识中固有的恐惧、痛苦和缺乏感就会重出

第八章
开悟的爱情关系

> 所有沉溺上瘾都源于你无意识地拒绝去面对和经历痛苦。每一次上瘾症都始于痛苦,又以痛苦收场。

水面。就像对其他事物上瘾一样,当你服用药物时,你会处于高度兴奋状态,但是总会有药物失效的时候。当这些痛苦的感觉重新出现时,你就会觉得比以前更为痛苦,这时你还会把你的伴侣视为导致这些痛苦的罪魁祸首。也就是说,你会将这些痛苦感觉投射出去,并用野蛮的暴力(你痛苦的一部分)攻击你的伴侣。这种攻击可能会唤醒你的伴侣自己的痛苦,并且对方可能会立刻反抗你的攻击。这时,小我仍然会无意识地希望它的攻击或操控对方的企图能够惩罚对方,并使他们改变行为,这样你的小我就又可以以此来掩饰痛苦了。

所有沉溺上瘾都源于你无意识地拒绝去面对和经历痛苦。每一次上瘾症都始于痛苦,又以痛苦收场。无论你上瘾的是什么——酒精、食物、合法的或非法的药物,或者一个人——你都是在用它们来掩盖你的痛苦。这就是为什么在开始的激情过后,在爱情关系中总留下那么多的不快乐和痛苦。关系本身不会造成痛苦和不快乐,它们只是将已经在你内在的痛苦和不快乐引发出来。每一次沉溺上瘾都是这样的。当上瘾和沉溺无法再满足你的时候,你的痛苦就会比以前更为强烈。

大部分人总是努力逃离当下时刻，而从未来寻找拯救，也是这个原因。如果他们将注意力集中在当下，他们要面对的第一件事可能就是自己的痛苦，这是他们所恐惧的。但愿他们知道进入当下取得临在力量来瓦解过去和旧痛是多么容易的事，因为当下的现实可以立即瓦解幻象。也但愿他们知道自己是多么接近自己的本质，多么接近上帝。

当然为了避免痛苦而回避爱情也不是解决之道，痛苦依然存在。三次失败的爱情，比你幽居荒岛或闭关苦修三年，更有可能迫使你走向觉醒。不过，如果你独处时能够保持高度的临在，也会有相同的效果。

§

从上瘾到开悟的爱情关系

我们能将上瘾的爱情关系转化成真正的爱情关系吗？

可以。请将你的注意力更多地集中在当下时刻，这会使你更多地感受临在并加强你的存在感。不管你是一个人生活还是与你的伴侣一起生活，这都是关键点。为了使爱情之花盛开，你的临在之光需要足够强大，这样你就不会再被思维和痛苦之身所控制，而误以为它们就是你了。将你自己看成是思考者之下的本体，心理噪声之下的宁静，痛苦之下的爱

第八章
开悟的爱情关系

> 爱情最伟大的催化剂就是完全接受你伴侣的一切,而不是去批判或以任何方式改变他或她。

和欢乐,这就是自由、拯救和开悟。为了从痛苦之身中解放出来,你需要将临在带进痛苦之中,从而改变痛苦。为了从思维中解放出来,你需要变成你思维和行为的沉默的观察者,尤其是观察你思维的重复模式和小我所扮演的角色。

如果我们不投注自我感到思维中,思维就会失去它的强迫性——强迫性的批判,进而拒绝接纳事实,并创造冲突、戏剧性事件和新的痛苦。事实上,当你通过接受事实而让批判停止时,你就从你的思维中解放出来了。你就已经为爱、喜悦、和平创造了空间。首先,停止批判你自己,然后,停止批判你的伴侣。爱情最伟大的催化剂就是完全接受你伴侣的一切,而不是去批判或以任何方式改变他或她。这样,你就立即超越了小我。所有的思维游戏和沉溺依赖都将消失。再也没有受害者和加害者,也没有原告和被告。这同样是所有相互依赖的终结,不需要在彼此的无意识模式中纠缠不清。这样,在爱里,你们要么分开,要么一起更深入地进入当下时刻,进入本体。简单吧?是的,就这么简单。

爱是一种本体的状态。你的爱不在你身外,你的爱在你之内。你永远不会失去它,它也不会离开你。爱不需要依赖你的爱不在你身外，你的爱在你之内。你永远不会失去它，它也不会离开你。爱不需要依赖一个人、一个外在的形式才能存在。

一个人、一个外在的形式才能存在。在你临在的定静中，你可以感觉到你的无形式和无时间的本质，就是赋予你肉体生命的那个未显化状态。这样，你就能感觉到在其他人和其他生物内的相同深度的生命。你的观察超越了形式和分离的屏障。这就是合一的体现。这就是爱。

§

爱是非选择性的，就像太阳也是非选择性的一样。它不会对某人有特殊待遇。它不是排他的。排他性不是神的爱，而是小我的爱。然而，对真爱感受的强烈程度却因人而异。如果某人对你的爱的反应比其他人对你的爱的反应更清晰、更深，并且你对这个人也有着同样的感觉，这时，我们可以说你和他或她是在爱情关系中。你和那个人的联结，和你与公交车上坐在你的旁边的人，或鸟、树、花的联结都是一样的，只是你对这种联结感受的程度不一样。

即使在一份沉溺上瘾的爱情关系里，也有超越双方沉溺上瘾感的短暂的真爱时刻。在这些时刻里，你和你伴侣的

第八章
开悟的爱情关系

思维短暂地退居幕后,而你们的痛苦之身也短暂地处于休眠状态。当你们进行身体亲密接触,或者当你们共同见证孩子出生的奇迹,或面临死亡,或者当你们其中一人患重病时——任何时候,当你的思维无能为力时,这种情况就有可能发生。这时,你的本体——通常被掩埋在思维之下——就会出现,而真正的交流就有可能了。

真正的交流是共享的合一的实现,也就是爱。通常,这种情况会很快消失,除非你能足够长时间地进入当下并排除你思维和它陈旧的模式。当思维和思维认同重新复活时,你就不再是你自己了,而是一个你自己的心理意象,这时你又陷入了你的游戏,开始扮演着你的角色,以便满足小我的需求。你又开始拥有了人类的思维,装扮成人,与另外一个思维合演着一出叫作《爱》的戏剧。

尽管这种短暂的感受是可能的,但是除非你永久地从你的思维认同中解放出来,而你的临在意识强烈到足以瓦解痛苦之身,或至少成为一个观察者的临在,否则爱情之花不会永久盛开。

在爱情关系中灵修

随着意识的小我模式及其创造的社会、经济和政治结构走向瓦解的最后阶段,男女之间的关系也会反映出这个危机

> 每一个危机不仅代表着危险，也蕴藏着机会。

阶段，而人类已经知道自己进入这个阶段了。由于人类越来越多地认同他们的思维，所以大部分人际关系不是扎根于本体之中，这也因而成为痛苦的源头并导致了问题和冲突。

数百万人现在过着单身生活，或者成为单身父亲或母亲，无法再建立爱情关系或者不愿意重蹈覆辙。其他人则从一段关系走到另外一段关系，在欢乐—痛苦的周期里挣扎，不断地从异性那里追求满足和不可捉摸的目标。还有一些人则为了孩子或安全感、习惯性、害怕孤单或其他共同利益的约定等而妥协，有的是因为无意识地对刺激的情绪障碍和痛苦上瘾，从而继续生活在这种充满痛苦、失调的爱情关系中。

然而，每一个危机不仅代表着危险，也蕴藏着机会。如果爱情关系强化了自我思维模式并激活了痛苦之身，你为什么不接受这个事实而要去逃避呢？为什么不去与关系共存，而要去避免亲密关系或继续幻想理想伴侣的出现，来解决你的问题或给你满足感？除非你完全承认或接受所有事实，否则隐藏于危机背后的机会就不会展现。只要你拒绝它们，只要你逃避它们或者希望事情变得不同，机会的大门就永远不会向你打开。同时你仍然会陷入这种情况之中，而在未来这

第八章
开悟的爱情关系

种情况要么不变,要么会进一步地恶化。

承认和接受这些事实,也会使你从中获得一定程度的解放。比如说,当你觉知你们的关系不和谐并承认这种不和谐时,通过你的觉知,新的因素就会产生,而这种不和谐关系也会随之改变。当你觉知你自己变得不平和时,这份觉知就会创造出一个宁静空间,它用爱和温柔围绕着这些不平和,从而将你的不平和转变成平静。只要涉及内在的转变,你是无法去"做"什么的。你不能改变你自己,当然也不能改变你的伴侣或其他人。你所能做的就是为这种变化创造一个空间,让变化得以发生,并让恩典与爱进入。

§

所以,无论何时当你们的关系不和谐时,无论何时这种不和谐关系将你和你伴侣的"疯狂"带出来的时候,请你为此觉得欣慰,因为无意识的东西已经被带进光中了。这就是拯救的机会。无论何时,保持对当下这一刻的觉知,尤其是对你内心状态的觉知。如果你愤怒,请感知你的愤怒。如果你嫉妒,防卫心重,好争论,好胜,你的内在孩童需要关爱或任何一种情绪痛苦——无论是什么,请承认那一刻的事实,掌握那一份觉知。如果你观察到了你伴侣的无意识行为,请用你的爱去承认这个事实,这样你就不会对它做出反应。无意识和觉知无法长久共存——即使这种觉知只来自另一方,

> 爱情关系不是用来使你快乐或满足的，
> 如果你仍想通过爱情关系来获得拯救的话，
> 那你将会一次又一次地遭受挫折。

而非做出无意识行为的那一方。处于敌意和攻击底层的能量形式，对爱的临在是无法容忍的。如果你对你伴侣的所有无意识行为都做出反应，你自己就会变得无意识，但是如果你能记得去觉知你的反应，你就不会迷失。

人类面临着进化发展的巨大压力，因为这是人类作为一个物种而生存的唯一机会。这将会影响着你生活的各个方面，尤其会影响你的爱情关系。我们的爱情关系从没有像现在这样充满了这么多的问题和冲突。你可能已经注意到了，爱情关系不是用来使你快乐或满足的，如果你仍想通过爱情关系来获得拯救的话，那你将会一次又一次地遭受挫折。但是如果你能承认爱情关系不是为了让你更幸福，而是让你更有意识，那么这种关系反而会为你提供拯救机会。你也会与更高的意识相结合，而这更高的意识正是想通过你而来到这个世界。对于那些保持陈旧意识模式的人来说，他们将会经历更多的痛苦、暴力、迷惑和疯狂。

如你所建议的，我想，在爱情关系中灵修，需要两个人一起来做吧。比如，我的伴侣仍然表现出嫉妒和控

第八章
开悟的爱情关系

> 你的开悟不需要去等待这个世界变得明智,或别人变得有意识。不要相互指责对方的无意识行为。

制的旧模式。我已经多次向他指出这个问题了,可他就是看不到。

你需要多少人才能把你的生活变成灵修的实践呢?如果你的伴侣不合作,请不要介意。明智,即意识,只有通过你才能来到这个世界上。你的开悟不需要去等待这个世界变得明智,或别人变得有意识。不要相互指责对方的无意识行为。从你开始争论的那一刻起,你就开始认同你的心理观点,并且你不仅在为这种心理观点辩护,而且还在为你的自我感辩护。这时,小我就占了主导地位,你就变得无意识了。当然,有时你可以指正伴侣的行为,但如果你非常警惕,非常有意识,你就可以在这样做的同时,不受小我的干扰——不带责备、控诉或好胜心。

当你的伴侣做出无意识的行为时,请放下所有的批判。批判不是将某人的本质与他的无意识行为混淆起来,就是将你自己的无意识投射在别人身上,并错误地认为这就是他们的本来面目。放下批判并不是指你没有认识到障碍和无意识行为。它是指,承认无意识行为而不对其做出反应或判断。

> 学会在不责备对方的情况下表达你的感受，学会用一种开放的、非防御性的方式倾听你伴侣说话。

这样，你可以完全地从反应中解放出来，或是做出反应，但完全保持觉知。这个觉知创造了一个空间。在其中，你可以观察到自己的反应，并且允许其存在。你不是与黑暗作战，而是将光亮带进黑暗之中。不是对幻象做出反应，而是在发现幻象的同时洞察它。带着觉知就会为爱的存在创造一个明净的空间，同时让所有的事情和所有的人保持其本来面目。这是最好的转化的催化剂。如果你这么做，你的伴侣也无法再无意识地和你共处了。

如果你们俩都同意在你们的爱情关系中灵修，那再好不过了。这样你们的各种想法和情感反应一产生，你们就能相互倾诉和表达，这样就不会创造一个让未表达出的或未承认的情感或怨恨发展的时间间隙。学会在不责备对方的情况下表达你的感受，学会用一种开放的、非防御性的方式倾听你伴侣说话。请保持临在。责备、防御、攻击——所有用来加强或保护小我或满足小我需求的方式在此将会变得多余。给别人和你自己一些空间，这一点非常关键。没有这个空间，爱情之花不会盛开。当你去除了破坏爱情关系的两个因素之后，痛苦之身被改变，你也不再认同你的思

第八章
开悟的爱情关系

维和心理立场,并且当你的伴侣也这样做时,你们就会体验到爱情关系的快乐。你们不再反映彼此的痛苦和无意识,不再满足你们相互的上瘾的小我需求,而是反映彼此内在深层的爱。那份爱来自你与万物合一的了然,这就是没有对立面的爱。

当你从思维和痛苦之身中解放出来,而你的伴侣却没有时,这将会有一个巨大的挑战,这个挑战不是你的而是他的。与一个开悟的人相处并不容易,小我会很容易地发现它面临巨大的威胁。记住,小我需要问题、冲突和"敌人"来强化它的身份赖以生存的孤立感。跟开悟的伴侣在一起,未开悟的那一方的思维会深深受挫,因为没有东西来抵抗它们,也就是说它们会变得脆弱,并且还有全部瓦解的危险,从而导致了小我的丧失。痛苦之身需要反馈,但是却又得不到,它对争论、戏剧性事件和冲突的需求得不到满足。但是请注意,那些迟钝的、冷漠的、无同情心的、没有感情的人可能会努力让别人相信他们已经开悟了,或者他们至少会说他们没有错,是他们伴侣的错。这种情况发生在男人身上多过女人。他们可能会将他们的伴侣看成是不理性的或情绪化的。如果你能感受得到自己的情绪,就离你的内在身体不远了。但如果你主要是认同你的思维,这种距离就比较大了。在你进入内在身体之前,你需要将意识带进你的情绪之中。

如果在你身上没有爱和欢乐的散发，没有对万物的临在和敞开的话，你就没有开悟。判断是否开悟的另外一个方法是，看一个人在困难或充满挑战的环境中或当事情出错时如何行事。如果你的开悟是小我的自我幻象，那么你的生命很快就会为你带来一些挑战，这些挑战将会让你的无意识以任何一种形式的痛苦展现出来，如恐惧、愤怒、防御、批判、抑郁等。如果你处于爱情关系中，你面临的许多挑战将会通过你的伴侣出现。比如，一个女人可能会受到这样的挑战：她的伴侣完全生活在思维中，并对她无动于衷。她还可能会受到这样的挑战：他无法倾听她说话，不给她空间和关注。在爱情关系中，爱的缺乏更容易被女性感受到，这将会引发女人的痛苦之身。通过痛苦之身，女人可能会攻击她的伴侣——责备、批评、讨公道等。反过来这又变成了他的挑战。为了防止她痛苦之身的攻击——他觉得是毫无理由的，因为他需要将自己的行为合理化并为之辩护，他将会更深地认同他的心理立场，从而最终引发他自己的痛苦之身。当两方都被自己痛苦之身所控制时，一种无意识的情感暴力、野蛮攻击和反击就出现了。直到两个痛苦之身发泄够了而进入休眠状态时，这种情况才会平息。

这只是无数种可能出现的情况之一。有关无意识被带入男女关系的事件已经写了很多，并且将来还会有更多这方面的著作。但是，如我刚才所说的，一旦你认识到了这种障碍

第八章
开悟的爱情关系

> 女人可以选择不成为痛苦之身,而在自己身上观察情绪上的痛苦,因此获取当下的力量并转化痛苦。

的根本原因,你就不需要探索它的各种表现方式了。

让我们简单地回顾一下我刚才描述的情形。实际上,每一个挑战中都隐含着一个拯救机会。在问题发生的每一个阶段,你都可以从无意识中解放出来。比如,女人的敌意可以让男人警觉,从而让他走出自己的思维认同状态,进入当下时刻,而不是进一步认同思维或变得更为无意识。女人可以选择不成为痛苦之身,而在自己身上观察情绪上的痛苦,因此获取当下的力量并转化痛苦。这可以防止她强制性地、自动化地将痛苦向外投射。然后,她应该向她的伴侣表达她的感受。当然,我们不能保证他会倾听她的痛苦,但是这给了他一个变得有意识的机会,可以打破原来那种陈旧的思维模式。如果女人错过了这个机会,男人就应该观察他自己对她的痛苦所产生的心理—情绪反应,观察他的防卫心而不是做出反应。然后,他应该观察自己被引发的痛苦之身,并将意识带入他的情绪之中。这样,一个纯意识的宁静空间就会出现——那个宁静的、觉知的观察者。这种觉知不会否认痛苦但会超越它。它允许痛苦的存在并同时转化痛苦。它接受每一件事情并转化每一件事情。这样,这扇大门就会为她开启，通过这扇大门，她就能轻易地与他一起共同进入那个纯意识的宁静空间。

为什么女人更容易开悟

> 开悟的障碍对于男人和女人来说是一样的吗？

是的，但是重点不一样。总的来说，女人更容易去感受，去进入她的内在身体，所以她会自然地比男人更为贴近存在，更接近开悟状态。这就是为什么许多古文化本能地喜欢用女性人物或比喻来代表或描述无形的超越的实在。在《道德经》这本迄今最古老的、最深奥的书中，"道"（可以被翻译成"本体"）被描述成"周行而不殆，可以为天地母"。天生地，女人就比男人更加贴近存在，因为她们实际上体现了这种未显化状态。而且，万事万物最终会回到源头上来。"万事在道中消失，又存在于道中"。因为源头被视为是女性，所以在心理学和神话中，女性代表着原始的黑暗和光明两方面，女神或圣母有两个方面：她赋予生命，她又收回生命。

当思维占主导地位时，人类与他们神圣本质失去了联系，他们就开始认为上帝是个男性形象。社会变得由男性主导，女性服从男性。

现在有些人用"女神"这个词来替代"上帝"一词。他

第八章
开悟的爱情关系

> 我们需要各种不同的素质：臣服，不批判，接受生命而不是抗拒生命，温柔地拥抱万物。

们重新调整了已经丢失了很久的男女之间的平衡，这很好。但是它仍然是一种代表、一种概念，或许暂时有用，就像一个地图或者一个路标一样，但是当你已经认识到超越所有概念和意象的现实时，它会变成一个障碍而不是帮助。事实是，思维的能量频率在本质上似乎是男性。思维喜欢抗拒，为控制而战，还喜欢役使、操纵、攻击、控制和占有等。事实上，上帝是人类思维中的它本人意象。

为了超越思维，并与存在的现实重新接触，我们需要各种不同的素质：臣服，不批判，接受生命而不是抗拒生命，温柔地拥抱万物。所有这些素质都更加贴近女性原则。思维能量是很坚固、很刚硬的，本体能量则柔和而谦让，但是最终，本体能量比思维能量更强有力。思维掌控我们的文明，然而本体却控制我们地球上所有的生命，甚至超乎地球上的生命。本体具有很强的智能，它的有形表现就是我们的物质世界。虽然女人本能地更加贴近本体，但是男人同样能在他们内在接触到本体。

现在，绝大部分男人和女人仍然被他们的思维所控制：认同于思考者和痛苦之身。这当然是阻止开悟和真爱绽放的障碍。一个普遍的规则是，男人最大的障碍是思维，女人最大的障碍是痛苦之身，虽然在极少数个别的情况下，相反的情况也成立，或两种情况相同。

瓦解女性的集体痛苦之身

> 为什么痛苦之身对女性来说是一个更大的障碍？

痛苦之身通常有集体和个人两个层面：个人层面是个人通过过去所遭受的情感痛苦而积累起来的；集体层面是人类集体心灵经过数千年以来的疾病、折磨、战争、谋杀、残暴和疯狂所积累起来的痛苦。比如，在一些种族或国家，如果发生过极端的冲突和暴力，那么这些国家和种族就会有比较沉重的集体痛苦之身。一方面，任何有着痛苦之身而没有足够的意识从中摆脱出来的人，将会不断或定期地被迫重新活出他们的痛苦之身，也可能变成迫害者或暴力的受害者。另一方面，他们可能潜在地更加接近开悟。当然这种潜在机会并不一定会实现，但是如果你陷入一个噩梦中，你就很有可能比那些做普通梦的人更希望觉醒。

除了个人的痛苦之外，每个女人还分担着我们所描述的女性集体痛苦之身——除非她已经完全有意识了。这种加诸女性的积累的痛苦之身主要包括男性对女性的压迫所带来的

第八章
开悟的爱情关系

> 在经期,女人常常被痛苦之身所控制。这种痛苦之身有非常强大的力量,它会很容易使你对它无意识地认同。

痛苦,如奴役、剥削、强奸、生产、失去孩子等千百年来形成的痛苦。有些女性在经前和经期感到身心的痛苦,就是痛苦之身即将清醒的征兆。这种痛苦限制了体内生命能量的自由流通。其实月经是一种生命能量在生理上的展现。现在让我们来详细地讨论一下月经问题,并看看它是如何成为开悟机会的。

在经期,女人常常被痛苦之身所控制。这种痛苦之身有非常强大的力量,它会很容易使你对它无意识地认同。然后你被一种占据你内在空间的能量所控制,它假想是你,当然,它根本不是。它通过你说话,通过你行动,通过你思考问题。它将在你的生活中创造消极的情况,这样它就以这个消极能量生存。它需要任何形式的更多痛苦。我已经描述过这个过程。它是邪恶的,具有破坏性。它是一种纯痛苦,过去的痛苦,但它不是你。

接近全意识状态的女性数量已经超过了男性,并且在未来几年还要迅速增长。也许最终,男人可能会追上女人,但是在相当长的一段时间内,男人和女人还是依旧存在一个相当大的意识差距。女人重新获取了这种她们与生俱来的功

> 第一件需要记住的事是：只要你从痛苦中汲取你的身份认同，你就无法从痛苦中解放出来。

能：作为显化状态和未显化状态之间，身体和心灵之间的桥梁，因此她们会比男人更容易接近开悟。作为女人，你现在的主要任务是转化痛苦之身，使它不再存在于你和你真正的自我之间，不再存在于你和你的本质之间。但是你同样需要处理另外一个开悟障碍，就是思维。当你在处理痛苦之身时，如果你能感受到强烈的临在，你同样会从思维认同中解放出来。

第一件需要记住的事是：只要你从痛苦中汲取你的身份认同，你就无法从痛苦中解放出来。只要你部分的自我感是来自你情绪痛苦的话，你就会无意识地抗拒或破坏治愈你痛苦的努力。为什么？答案很简单。因为你要保持你的完整感，而痛苦却是你关键的一部分。这是一个无意识的过程。唯一的解决方案就是对它保持觉知。

突然发现自己正在或已经被自己的痛苦所认同，这会令你非常震惊。然而在你认识到这点的那一刻，你就已经打破了这种认同。痛苦之身是一个能量场，几乎是一个实体，它暂时居住在你的内部空间中。它是你受困的生命能量，一种已经无法流动的能量。当然，痛苦之身之所以存在是因为过

第八章
开悟的爱情关系

去发生的事情。它是你活生生的过去,如果你对它认同,就是对过去认同。受害者身份是这样一个信念:过去比现在更强大,这当然是一个伪真理。这个信念认为其他人对你所做的事,需要对今天的你负责,要对你的情感痛苦或不能成为真正的自我而负责。真理是真正的力量,是在当下这一刻:它就是你临在的力量。一旦你认识到了这一点,你就会认识到该为自己内在空间负责的是你自己,而不是别人,并且过去不能阻挡当下的力量。

§

所以认同阻止你去应对痛苦。有些女人已经有足够意识放弃个人层面受害者的身份,但却仍然不能放弃集体受害者的身份:"男人对女人做了什么?"她们是对的,但她们同样也是错的。几千年以来,她们的女性集体痛苦之身有一大部分是由男人施加给她们的暴力造成的,这点是对的。但是如果她们的自我感源于这个事实,并使她们陷入这种集体受害者身份中不能自拔,她们就是错的。如果一个女人执着于愤怒、仇恨或谴责,她就会执着于她的痛苦之身。这可能会给她一种令人安慰的认同感,并让她与别的女人团结,但是这会使她陷入过去之中并妨碍她接近她的本质和获取真正的当下的力量。如果女人排斥男性,这就会助长一种孤立的感觉并会强化小我。小我越强,你就离你的真正本质越远。

所以请不要用痛苦之身来赋予你一个身份，而是要利用它作为开悟的工具，将它转变成意识。转变痛苦的最好时期就是在月经期。我相信，在未来的几年内，许多女人会在经期完全进入意识状态。通常，因为许多女人在经期被她们的女性集体痛苦之身所控制，这个时期也是她们的无意识时期。然而，一旦你获得了一定程度的意识，你就会改变这种状况，从而变得更有意识而不是无意识。我已经谈论过这个基本过程了，但是请让我再重复一下，这次我们会特别谈论一下女性集体痛苦之身。

当你知道月经即将来临时，或当月经的第一个前兆出现时，也就是女性集体痛苦之身清醒之前，你需要保持足够的意识，在被它控制之前察觉到它。比如，月经的第一个信号可能是一阵突如其来的强烈愤怒，或是一个纯生理症状。不管是什么，在你的思维或行为被它控制之前去察觉到它，将你的注意力集中在它身上。如果它是一种情绪，请感受它背后的能量，并认识到它就是你的痛苦之身。同时，保持你的觉知并感受意识临在和它的力量。如果你将你的临在注入任何一种情绪，它将会很快地平息并转化。如果它是一个纯生理症状，你对它的关注将会阻止它转化成情绪或思维。然后，请继续保持警惕，并等待下一个痛苦之身信号的出现。当它出现时，用你原来的方法再次觉察它。

之后，当痛苦从它的休眠状态中完全清醒过来时，在你

第八章
开悟的爱情关系

的内部空间你可能会体验一种剧烈的骚动,这个时间可能很短,但是也可能会长达几天。无论它以何种形式出现,请对它保持关注并观察你内部的这种骚动,觉察到它的存在。记住:别让痛苦之身利用你的思维,并控制你的思想。观察它,在你的体内直接感受它的能量。如你所知,全然的关注意味着全然接受。

通过这种持续的关注和全面的接受,痛苦就会被转化成意识,这个过程就像这样:当一块木材放入火中或靠近火时,它就变成了火。这样,月经不仅仅会变成作为女性的欢乐和成就的表达,还会变成意识转化的神圣机会,这样,一种新的意识就会诞生,你的真正本质——在女神的女性本质方面和超越男女二元性的神圣存在方面,就会大放光芒。

如果你的男性伴侣有足够的意识,他就能帮助你练习在经期保持意识和转化痛苦的方法。当你被痛苦之身无意识地认同时,如果他能保持临在,那么你将会很快地与他一起重新进入意识状态。也就是说,当你的痛苦之身暂时地控制你,无论是在你的经期还是其他时间,你的伴侣不会误认为那就是你。即使你的痛苦之身攻击他——这可能会发生——他也不会对它做出反应,退缩或对你防范。他将会牢牢地保持临在的意识,转化不需要做其他的事。有时,你也可以帮助他从他被分散的思维中重新找回意识,回到当下时刻。

这样，永久的高意识的能量场就会出现在你们之间。没有错觉、没有痛苦、没有冲突，只有真实的你们，只有爱。这就是你们爱情关系的神圣的和超越的目标的实现。

§

放弃和你自己的关系

当一个人充满意识时，他仍然需要爱情关系吗？这个人仍然会被女人吸引吗？离开了男人，女人仍然会感到不完整吗？

不管你是否开悟，不管你是男人还是女人，你在形式和身份方面都是不完整的。你只是整体中的一半。不管你有多强的意识，都会有这种不完整的感觉，而这种不完整感促使男女相互吸引，以及异性能量相吸。在与内在联结的状态下，你会在生活的表面上或生活的周围感觉到这种相互的吸引力；你身上发生的所有事情都让你有这种感觉。整个世界看起来就像大海表面上的波浪或涟漪。当然，你就是这个大海，你同样也是这个涟漪，你是一个已经认识到自己的真实身份是大海的涟漪，同时，与大海的深度和广度相比，波浪和涟漪就都不再那么重要了。

第八章
开悟的爱情关系

这并不是说你不会与其他人或你的伴侣有深深的联结。事实上，如果你有很强的本体意识，你才能深深地与你的伴侣或其他人建立联结。有本体意识，你的注意力就能超越形式。在本体状态中，男人和女人是一个整体。你的形式层面可能仍然有一定的需求，但是本体却没有。它已然完整圆满了。如果这些需求被满足了，这当然很好，但是如果没有被满足，对你深层的内在状态影响不大。所以对于一个开悟的人来说，如果他或她对异性的需求没有满足，在其本体的外部形式上，很可能会有缺憾或不完整感，但是在他们的内心，他们却是完整、满足与平和的。

开悟对于同性恋者来说是个帮助还是个障碍？或者对于他们来说没有任何差别？

随着一个人进入成人期，由于发现自己不同的性取向，会让他放弃对社会制约模式下的思想和行为的认同。这将会自动提高他的意识水平，从而使他的意识水平比绝大部分无意识的人的意识水平高。在这方面，成为同性恋者会是一个帮助。在一定程度上，成为局外人、与别人不协调或被人拒绝会使生活变得困难，但也会使他具有开悟的优势。他几乎是被迫从无意识中摆脱出来的。

另外，如果他有一种基于同性恋身份而产生的身份认同，他就会从一个陷阱中进入另一个陷阱。他将会扮演着由

>如果你独自一人的时候感到不安,你
>就会寻找一种爱情关系来掩盖你的不安。

同性恋心理意象主导的角色或玩着这样的游戏。他将会变得无意识,变得不真实。在他小我的面具下,他将会非常不开心。如果这事发生在他身上,成为同性恋者将会是一个障碍。但是,他总会有另外的机会。极度不幸可以成为一个当头棒喝。

>在你与其他人建立爱情关系之前,你应该与自己建立良好的关系或爱你自己,这是对的吗?

如果你独自一人的时候感到不安,你就会寻找一种爱情关系来掩盖你的不安。可以肯定的是,在你与别人的爱情关系中,你的不安又会以其他形式重新出现,或者你可能会认为你的伴侣应该对你的不安负责。

你所需要做的就是全面地接受当下。这样,你就安于这里,在此时此刻,感到自在。

但是你需要与你自己建立一个关系吗?你为什么不能成为你自己?当你与自己建立关系时,你就将你自己一分为二:"我"和"我自己",主体和客体。这种由思维创造的二元性是你生活中所有问题和冲突的根源。在开悟状态中,你就是

第八章
开悟的爱情关系

你自己,你与你自己合二为一。你不会批判你自己,你不会为你自己感到遗憾,你不会为你自己感到骄傲,你不会爱你自己,你也不会恨你自己。开悟,不会再有一个需要你去保护、防卫和喂养的自己了。你不会再有一种关系:就是你与你自己的关系。一旦你放弃了这种关系,你所有的其他关系都将会是爱的关系。

第九章
超越幸福和不幸

超越好和坏的至善

> 快乐和内在的平和之间有区别吗?

是的。快乐取决于被认知为正面的情况,而内在的平和则不是。

> 我们是不是不可能只将正面的情况带入我们的生活之中?如果我们的态度和思维一直都是正面的,我们就只会显化正面、积极的事情,不是吗?

你真的知道什么是正和负吗?你对此有一个总的概念吗?对于许多人来说,障碍、失败、损失、疾病或任何形式的痛苦都转变成了他们最伟大的老师。它教他们放弃错误的自我意象以及表面上的以小我为主导的目标和欲望。它给予他们深度、人道和同情心，它使他们更为真实。

无论何时，当负的事情在你身上发生时，在它下面都有着深刻的教训，尽管当时你可能看不到。即使是一次短期的疾病或一个突发事件，都可能会向你展示生活中什么是真实的，什么是假的，什么才真正重要，而什么一点儿也不重要。从一个更高的角度来看，所有的情境都是正的。更为准确地说：它们不正也不负。它们就是它们的样子。而当你完全接受本然——这是唯一明智的生活方法——在你的生活中就不会再有"好"和"坏"了，只有更高的善，包括"坏"在内的恶。然而从思维的角度来说，就有好和坏、喜和恶、爱和恨之分。因此，《圣经·创世纪》说，当亚当和夏娃偷吃了善恶树的禁果后，他们就被逐出天堂了。

对我来说，这听起来就像否认事实和自欺欺人。当一些可怕的事情发生在我身上和我亲密的人身上时——意外、疾病、某种痛苦或死亡，我可以假装它一点也不坏。但是事实是，这是坏事，所以为什么要去否认呢？

你没有在假装任何事情。你只是允许事实的存在，就是这样。这种"允许事实存在"的做法会使你超越有抗拒模式

第九章
超越幸福和不幸

> 如果你宽恕每一刻，允许它的存在——你就不会去积累需要在未来宽恕的怨恨了。

的思维，这种思维会创造正和负。这是宽恕的关键。对当下的宽恕甚至比对过去的宽恕更为重要。如果你宽恕每一刻，允许它的存在——你就不会去积累需要在未来宽恕的怨恨了。

记住，我们在这里谈论的不是幸福。比如，当你深爱的人去世，或者你感到死亡正在向你靠近，你绝不会感到幸福，因为这是不可能的，但是你可以处于一种平和的状态。你可能会悲伤和流泪，但是如果你放弃了抗拒，在你的悲伤下面你就会感觉到深深的宁静与安详以及神圣的存在。这就是存在的彰显，这就是内心的平静，这种善没有对立面。

> 如果是一个我能有所作为的情况呢？我怎么能在容许事实存在的同时，又去改变它呢？

做你必须做的事情，同时，接受它的存在。由于思维和抗拒是同义词，接受事实会使你立即从思维中解放出来，并使你重新与本体联结。这样，做事的小我动机——恐惧、贪婪、控制、防卫或发展虚假的自我感——都将会停止活动。比思维更强大的智力因素现在会处于主导地位，所以不同质量的意识将会注入你的行动之中。

许多人在放弃抗拒和接受事实之前，似乎都得体验大量的痛苦才会宽恕。只要他们接受事实，一个最伟大的奇迹就会出现：通过那些看似邪恶的东西，本体的意识被唤醒，痛苦转变成了内心的平静。世界上所有邪恶和痛苦的最终结果，就是迫使人类认识到他们超越名字和肉身的真正本质。因此，那些通过我们有限的知识面而被认知成邪恶的东西，其实是善的一部分。然而除非你宽恕，它是不会降临在你身上的。如果你不宽恕，邪恶就不会被改变，它还是邪恶。

　　通过宽恕，即承认过去和现在的事实存在，转变邪恶的奇迹不仅仅会发生在你内在，而且还会发生在你之外。在你之内和你周围会出现一个强烈临在的宁静空间。任何人或任何事，只要进入这种意识状态的领域，就会受它的影响，这些影响有时是有形的、立即的，有时则是无形的，在后来才会显现。这样，你消除了不协调，治愈了痛苦，驱散了无意识——而你没有做任何事情，仅仅进入当下时刻，并保持当下时刻的临在意识。

§

生命戏剧的终结

　　　　在接受事实和内心平静的状态下，即使你不再称它

第九章
超越幸福和不幸

为"坏",但是从普通意识的角度来说,所谓的不好的事情仍然会进入你的生命中,是这样吗?

人们生活中大部分不好的事情都是由于无意识而引起的。它们是小我创造的,有时我称它们为"戏剧性事件"。当你完全处于意识状态,戏剧性事件就不会再进入你的生活。现在,请让我提醒你一下,小我是如何运作的,它是如何创造戏剧性事件的。

当你没有临在、对意识没有觉察时,小我(即未被观察到的思维)控制着你的生活。小我视自己为敌意世界中的孤立碎片,它不会真正和其他本体意识相联结,它被其他的小我包围着,而其他的小我对它来说可能不是具有威胁性,就是供它利用的。小我的基本模式就是反抗它深层的恐惧和缺乏感——抗拒、控制、权威、贪婪、防卫和攻击。有些小我战略非常精明,但是它们从未真正地解决过自身的问题,因为小我本身就是个问题。

不管是在个人关系中还是在组织或团体中,当小我聚集在一起时,坏的事情迟早都会发生:以冲突、问题、挣扎、情绪或身体暴力等形式出现的戏剧性事件。这包括集体罪恶,如战争、种族屠杀和剥削——这些都源自疯狂的无意识。而且,许多种疾病都由小我不断地抗拒而产生,这种抗拒限制了体内生命能量的流通。当你重新与本体相联结时,你就不

> 大部分人都会有他们钟情的戏剧性事件。他们的故事就是他们的身份。小我控制着他们的生活。

会再被你的思维所控制，不会再参与或创造这些戏剧性事件。

无论何时，当两个或更多的小我聚集在一起的时候，戏剧性事件就会产生。但是即使你完全过着隐居生活，你仍然会创造着你自己的戏剧性事件。当你为自己感到难过时，这就是戏剧性事件；当你感到愧疚或焦虑时，这就是戏剧性事件；当你让过去或未来影响你的现在，你就在创造时间，创造心理时间——这些都是创造戏剧性事件的要素。无论何时，当你不尊重当下时刻，你就在创造戏剧性事件。

大部分人都会有他们钟情的戏剧性事件。他们的故事就是他们的身份。小我控制着他们的生活。他们全部的自我感都投诸戏剧性事件中。甚至，他们对答案、解决和治疗方案的探索——通常是不成功的——也变成了戏剧性事件的一部分。他们抗拒和害怕得最多的，就是戏剧性事件的终结。只要被思维控制，他们抗拒的和害怕的，就是从戏剧性事件中清醒过来。

当你完全接受当下的事实，你生活中的所有戏剧性事件就会终结。没有人能与你争论，不管对方多么努力都没用。你不会与一个有完全意识的人发生争论。争论意味着你认同

第九章
超越幸福和不幸

你的思维和观点,认同你对其他人观点的抗拒和反应。然而,你仍然可以使你的论点清楚而坚定,但是它们背后不会有反应的力量存在,没有防卫和攻击的存在。所以它不会变成戏剧性事件。当你变得完全有意识时,你就不会与别人发生冲突。这种冲突指的是与别人发生的冲突,和发生在你自己身上的冲突。当你思维的要求与期望和当下事实之间不再发生冲突时,所有的冲突就会停止。

生命的无常和循环

所有的痛苦都是小我创造的,都是由于抗拒而产生的。只要你处于这种状态之中,你就仍然会受限于循环的本质和无常的规则,但是你不再将它看成坏事,它就是它。

通过承认万物的本然,接受这些事实,你的内心会感受到一种深深的宁静,超越好与坏的喜悦。这就是本体的喜悦,上帝的宁静。

在形式的层面,有看似分离的生与死、创造与毁灭、生长与衰弱。这种情况到处可见:一个星球、一个身体、一棵树、一朵花的生命循环,国家的政治体制、文明的兴衰,在生活中个人不可避免的得与失。

当事情进展顺利时,就是成功的循环;当事情变得糟糕时,就是失败的循环。这时你必须放弃一些事情,以便为新

> 在形式层面，每一个人迟早都会"失败"，每一个成就最终都会化为乌有。所有的形式都是无常的。

事物的产生创造空间，为事情的转机创造空间。如果你抗拒这些事情，你就是拒绝与你生命之流一起向前进，就会遭受痛苦。

如果认为向上的发展才是好的，向下的发展是坏的，这是不对的，只有思维才会这样做判断。生长通常被看成是积极的，但是没有东西会永远生长。如果任何形式的生长不断向前发展，最终都会变成怪物或变得具有毁灭性。有衰退才会有新的成长。生长与衰老两者相互依赖。

对于灵性开悟来说，向下的周期是绝对关键的。你必须遭受一定深度的痛苦或损失才会被灵性世界吸引。或许成功对你来说变得空洞无意义，所以变成失败。失败隐藏在每一次成功之中，而成功又隐藏在每一次失败之中。在形式层面，每一个人迟早都会"失败"，每一个成就最终都会化为乌有。所有的形式都是无常的。

你仍然可以积极地、开心地表现和创造新的形式和环境，但是你可以不认同它们。你不需要它们给你一种自我感。它们不是你的生命，只是你的生活情境。

你的身体能量同样受限于这些周期，能量有时会高，有

第九章
超越幸福和不幸

> 无常是万事万物的本质，也是你生活中将会遇到的所有情况的一个特点。

时会低，不可能永远处于高峰期。你有非常积极和具有创造力的时候，但同样也会有万事不顺的时候。一个周期可能是几小时，也可能是几年之久。在这些大循环内包含有大周期和小周期，许多疾病正是由于反抗低能量周期而产生的，然而低能量周期对于重建来说极为关键。我们总是想要有所作为，从外在成就中汲取自我价值、身份认同，但只要你认同你的思维，这些都是一些不可避免的幻象。这些使你很难或无法接受低能量周期，或允许它们的存在。因此，为了消除这些幻象，出于一种自我保护，身体器官就会做出反应并产生疾病，以便让必要的重生发生。

宇宙的循环本质与万事万物的无常性紧密相连。佛陀将此作为其教诲的主要部分。所有的情况都是高度不稳定的，都处于不断的流动状态，或者如佛陀所指出的，无常是万事万物的本质，也是你生活中将会遇到的所有情况的一个特点。它将会改变、消失或不再满足你。

只要你的思维将某种情况判定成"好的"——不管它是一段关系、一份财产、一个社会角色、一个地方，或者你的身体——你的思维就会执着并认同它。它会使你开心，使你自我感觉良好，还会变成你的自我认同。但是没有什么可以永远存在。它要么改变，要么终结，要么向事情的对立面发展：昨天或去年被认为是好的东西，今天就突然或逐渐地变坏；过去让你开心的今天可能让你不开心；今天的繁华，明天却变成了落寞；幸福的婚礼和蜜月变成了勉为其难的共存或不幸的离婚。或者一种情况消失了，而它的消失让你不开心。当思维依赖的和认同的某个条件或情况改变或消失时，思维就不能接受这个事实。它会执着于消失的情况并抗拒它的改变。这种感觉就像是从你身上撕裂某个肢体一样痛苦。

有时，我们会听说有人由于钱财散尽或名誉不再而自杀。这是一些极端的情况。还有些人在遭受重大损失后便变得非常不开心或生病。这些人不能将他们的生命和他们的生活情境区分开来。我最近读了一篇有关一位著名女演员的文章，她80多岁逝世。由于年龄的增长，她的青春不在，所以她每天都处于绝望和不快乐之中并隐居了起来。她同样认同了外在的形式条件：她的外貌。首先，条件给了她一个让她开心的自我感觉，然后条件消失了，她又变得不开心起来。如果她能与无形式和无时间的内在生命有所联结，她就可以站在宁静的地方，观察并接受她外貌的变化。而且，由于通过她真本质的光亮，她的外在会越来越透明，所以她的美貌不会消逝，而是转化成了一种心灵之美。然而，没有人告诉她可以这样。这种重要的知识还没有被人们广泛地接受。

第九章
超越幸福和不幸

> 事物和生活条件可以给你快乐，但它无法给你喜悦。喜悦是你内在宁静状态的关键部分。

§

佛陀教导说，你的幸福同时也是一种痛苦或不满足。幸福与它的对立面是不可分的。这是说，你的幸福和不幸是一个整体，只是时间的幻象将它们分开了而已。

这不是消极，这只是简单地承认事物的本质，从而让你在余生中不再去追求这种幻象。但这并不是说你不需要再去欣赏、享受开心或美好的事情或情况，而是说不要通过它们去寻找一些它们不能给予的东西——身份认同、永恒和满足的感觉，这是挫折和痛苦的成因。如果人们都开悟了，并不再通过事物来寻求他们的身份，整个广告业和消费社会就会瓦解。你越是用这种方式去寻找幸福，它就会越多地逃避你。外界的事物不会永远地满足你的需求，它们只会暂时地和表面上地满足你，但是你也许要多次体验这些失望后，才能认识到这些事实。事物和生活条件可以给你快乐，但它无法给你喜悦。喜悦是你内在宁静状态的关键部分；它是你的自然状态，不是努力就能获得的。

许多人永远都不会意识到，在他们所做的、所拥有的或

> 接受生活的现实就是活在一种恩典、安逸和轻松的状态里。这种状态不再取决于事情的好坏。

所取得的任何成就中都没有"拯救"。那些认识到这一点的人通常会感到厌世和抑郁:如果没有东西可以给他们真正的成就感,那么他们还有什么可以去为之拼搏的呢?当你领会了这一点,你离绝望只有一步,离开悟也只有一步。

一位佛教徒告诉我:"过去20年来,我学到的所有东西可以用一句话来总结:凡生者必灭。"当然他的意思是:我学会了不去抗拒本然,学会了接受当下,学会了接受万物无常的本质,因此我找到了宁静。

接受生活的现实就是活在一种恩典、安逸和轻松的状态里。这种状态不再取决于事情的好坏。这看似自相矛盾,但是当你不再依赖事物的外在形式之后,你的生活状况、外在形式就会有很大的改善。你认为能让你快乐的人、事或情境,现在,在无挣扎、无努力的情况下来临了,你尽管去享受、欣赏它们。当然,所有的这些事情仍然会消失,循环不止,但是当你不再依赖这些事情时,你就不会恐惧失去。你的生活就会充满安逸。

从外在世界获得的幸福永远不会深刻,它只是你本体喜悦的苍白的反映;只有当你进入无抗拒状态时,你才会找到

第九章
超越幸福和不幸

内在的宁静。本体会让你超越思维的两个对立极,将你从对形式的依赖中解放出来。即使你周围的所有事情都瓦解倒塌,你仍然能感到内心的深深的宁静。你可能无法快乐,但是你的内心却很平和。

§

利用和放弃消极心态

所有内心的抗拒都是各种形式的消极体验。所有的消极心态都是抗拒。这样说来,这两个词几乎是同义词。消极心态包括烦躁、没耐心、暴怒、压抑、怨恨、自杀性的绝望等。有时,抗拒会引发情绪的痛苦之身,在这种情况下,即使是一件微不足道的小事也会使你产生强烈的消极心态,比如愤怒、抑郁或深深的悲哀等。

小我相信通过消极心态可以操纵现实,得到它所想要的。它相信通过消极心态,能吸引好的情境或消除不好的情境。《奇迹课程》(*A Course in Miracles*)正确地指出,无论何时,当你不开心时,你其实是抱有一个无意识的观点,就是你的"不开心"会买到你所想要的。如果你的思维不认为这种不开心会对事情有所帮助的话,它为什么还要去创造这种不开心呢?当然,事实是,消极心态没有任何作用。它不但对事情

> 地球上只有人类才有消极心态，其他的生物不但没有消极心态，而且也不会像人类一样去侵犯、毒害我们赖以生存的地球。

没有帮助，反而是阻碍；它不会消除不利条件，而是让不利条件持续不散。消极心态的唯一"用处"就是加强小我，这就是小我喜欢它的原因。

一旦你认同了你的某种消极心态，你就不想放手，同时你在无意识的层面还会抗拒积极的变化，因为你无意识地认同了自己是一个抑郁、愤怒或不开化的人。所以，你就会忽视、拒绝或破坏你生活之中的积极方面的事情，因为它会对你的身份认同产生威胁。这是一种很常见的现象，但是它也是一种病态的行为。

消极心态完全是不自然的，它是一种心理污染。地球大自然的毒化、毁坏和积累与人类集体思维中的消极心态有很大的关系。地球上只有人类才有消极心态，其他的生物不但没有消极心态，而且也不会像人类一样去侵犯、毒害我们赖以生存的地球。你看到过不开心的花朵或有压力的橡树吗？你是否遇到过抑郁的海豚、自尊有问题的青蛙、无法放松的猫、充满仇恨或怨恨的小鸟？那些偶尔表现出这些消极心态或神经质行为的动物，是因为它们在与人类亲密接触的过程中被人类影响了。

第九章
超越幸福和不幸

> 我与几位"禅宗大师"生活过——它们是猫。鸭子也教给过我重要的心灵课程。

请观察任何一种动物或植物,让它们教你如何接受现实,向当下臣服。让它们教你如何获得本体意识,教你成为你自己,使你变得更为真实。让它们教你如何生活,如何面临死亡,而且无惧生死。

我与几位"禅宗大师"生活过——它们是猫。鸭子也教给过我重要的心灵课程。请在冥想状态下观察它们。你会观察到它们是何等宁静,何等安逸,何等完全地进入当下时刻。它们是如此的完美,这只有无思维的生物才能做得到。偶尔,两只鸭子会发生争斗——有时是无明显原因的,或者因为一只鸭子闯入了另一只鸭子的领域。这种争斗通常只会持续几秒钟,然后这两只鸭子就会分开,向不同的方向游去,并用力扇动几下翅膀。接着它们就像没有发生过争斗一样继续和平地在水上游泳。当我第一次观察到这种情况时,我突然认识到通过扇动翅膀,它们在释放多余的能量,因此这些能量不会蓄积在它们体内进而变成消极的东西。这是自然的智慧,它们很容易就能这样做,因为它们没有思维,不会将不必要的过去记在心中,并从中获取身份感。

消极的情绪不会包含重要的信息吗？比如，如果我经常感到抑郁，这可能是我的生活出了问题的信号，并且这可能会迫使我去观察自己的生活并做一些改变。所以我需要倾听我的情绪在告诉我什么，而不是把它看成消极的东西。

是的，消极情绪的重复出现有时的确包含着重要的信息，疾病也是一样。但是你所做的任何改变，不管是与你的工作、爱情，还是周围的环境有关，这些改变都是表面上的，除非你的改变是在意识层面发生的。当你有了一定的临在意识，你就不再需要消极心态来告诉你，在你的生活情境中还需要什么。但只要消极心态存在，就要利用它，将它作为一种提醒你变得更为临在的信号。

我们该如何阻止消极心态的产生？当它产生时，我们又该如何去摆脱它呢？

如我所说，通过完全进入临在状态，你就能阻止消极心态的产生。但是，请不要气馁。在这个世界上只有极少数的人能持续保持意识的临在状态，但我相信，这些人将会越来越多。无论何时当你注意到某种消极心态在你内心出现时，不要将它视为失败，而是视为一种有用的信号："快保持警惕，远离你的思维，进入当下时刻。"

第九章
超越幸福和不幸

> 摆脱消极心态的另外一种方式是：通过把你自己想象成是透明的，让引发反应的外部因素穿过你，进而使它消失。

赫胥黎在晚年对灵修非常感兴趣，他写了一本小说——《岛》（*Island*）。这本书描写了一个男子由于船失事而被困于岛屿中，从而与世隔绝。在这个岛屿上有一种独特的文明，岛上的居民有着与外界不同的健康心智。这个人注意到的第一件事就是，一些彩色的鹦鹉在树上栖息，它们似乎在不断地说："注意，此时此地。注意，此时此地。"之后我们才知道，这些岛上的居民教鹦鹉说这些话，好不断地提醒自己保持临在的意识状态。

所以，无论何时，当你感到内心产生了消极心态时，不管是由外界因素、某个念头还是不知道的原因引起的，把它看成一种提示："注意，此时此地，请保持警惕。"即使是最为轻微的烦躁也有其意义，也需要觉知和观察，否则它们将会积累起来，变成未受观察的反应。如我之前所说的，一旦认识到你的内在不需要这种能量，并知道这种能量毫无意义时，你就能够放下它。请确认你已经完全放下了。如果你不能放下它，请接受它的存在，并将注意力集中在那个感受上。

摆脱消极心态的另外一种方式是：通过把你自己想象成是透明的，让引发反应的外部因素穿过你，进而使它消

> 当有人对你说一些粗鲁或攻击性的话时，不要产生消极的心态或做出无意识的反应，像防卫、攻击或退缩，而是要让它从你身上通过。

失。我建议你先从小事开始练习。比如你在家里安静地坐着时，突然街道上传来汽车的警报声。这时愤怒产生了，但是愤怒的目的是什么呢？没有目的。那你为什么要创造这种愤怒呢？你没有这样做，而是思维在这样做。它是自动的，完全无意识的。为什么思维创造它呢？因为思维相信，抗拒，也就是你经历的消极情绪或不快乐的某种形式，也许可以消除你不喜欢的这种情境。这当然是幻象。思维所创造的抗拒，在上述例子中就是你的烦躁或愤怒，比它原来试图去解决的那个肇因还令人讨厌呢！

所有的这些都可以转化成灵修的途径。把你自己看成是透明的，而不是一个固体的肉身。现在，允许噪声或任何造成消极反应的东西穿越你。这样，它们对你的内心来说就不再是一堵坚固的墙了。如我所说的，从很小的事情开始练习，比如汽车的警报声、狗叫声、孩子的啼哭声、交通堵塞等。不要在你的内心建造一堵坚固的抗拒之墙，而总是让那些你觉得它们"不该发生"的事情来敲打你。试着让它们穿越你。

当有人对你说一些粗鲁或攻击性的话时，不要产生消极

第九章
超越幸福和不幸

的心态或做出无意识的反应,像防卫、攻击或退缩,而是要让它从你身上通过。不要去抗拒,就没有人会受到伤害。这就是宽恕。这样,你会变得坚强无比。如果你愿意的话,你还是可以告诉那个人,他或她的行为是令人无法接受的。这样,那个人不会再有力量来控制你的内心状态,而你拥有了自主权,不再受制于人,也不会被你的思维所控制。不管是汽车的警报声、粗鲁的人、洪水、地震或你所有财产的损失,这种抗拒机制都是一样的。

> 我练习过冥想,参加过很多工作坊,读过许多有关灵性的书,我也努力进入这种无抗拒的状态,但是如果你问我是否找到了真正永久的内心宁静,我诚实的答案是"没有"。为什么我没能找到它?我还能做些别的吗?

你仍然在外界寻找,而且你无法脱离这种寻找的模式,你认为或许下一个工作坊会有解答,或许新的技巧会有帮助。我要告诉你:不要去寻找宁静。不要去寻找你所处的当下时刻外的任何一种状态,否则你将会创造你内心的冲突和无意识的抗拒。为你不能进入宁静状态而宽恕你自己。在完全接受你非宁静状态的事实的那一刻,你的非宁静状态就会转变成宁静状态。任何你完全接纳的事情都会把你带进宁静状态。这就是臣服的奇迹。

你可能听过《圣经》中的一句话:"转另一边脸让他打",

超越了由思维产生的对立面,你就会
变成一个深深的湖泊。

这是两千年前开悟大师所用的教材,形象地传达了不抗拒和不反应的秘密。在这句话中,就和其他的教导一样,人所关注的仅是他内在的现实,而不是生活中的外在行为。

你是否听说过熊泽蕃山的故事?在变成禅宗大师之前,他花了许多年来追求开悟,但他一直没达到。一天,当他路过市场时,无意中听到了一个屠夫和一个顾客之间的对话。顾客说:"给我一块最好的肉。"屠夫回答说:"我这里的每一块肉都是最好的,这里没有任何一块肉不是最好的。"听到这后,蕃山就开悟了。

慈悲的本质

思维创造了对立面,当你超越了这个对立面,你就会变成一个深深的湖泊。你生活的外在情况和生活中所发生的任何事情,都是这个湖泊的表面。随着循环和季节的变化,湖面有时平静,有时波澜起伏。然而在湖的深处,总是宁静的。你就是整个大湖,不仅仅是湖的表面而且还是湖的底部,永远都是绝对的宁静。你不会心理上执着于某种情况而去抗拒任何变化。

第九章
超越幸福和不幸

你内心的宁静不依赖任何变化。你与本体同在——永恒、无时间性、不朽,并且你不再依赖时时变化的外在世界来获得成就或幸福。你还是会享受外在世界,在其中游戏,创造新的形式,感激美丽的一切,但是不会再执着于它们。

当你进入这种出离的状态时,是不是意味着你同样与他人隔绝了呢?

情况恰恰相反。如果你没有意识到本体,你就无法意识到他人的本质,因为你没有找到你自己的本质。你的思维会喜欢或不喜欢他们的形式,这包括身体形式和思维形式。只有当你有本体的意识时,真正的关系才会出现。处于本体意识之中,你会把别人的身体和思维感知成一个屏幕。在这个屏幕之后你能感受到他们的真正本质,就像你感受你自己的本质一样。所以,当你遇到某人在遭受痛苦或做出无意识的行为时,你能借由保持临在、与本体联结而看穿他们的形式,去感受他人本体光彩的纯真。在本体层面,所有的痛苦都被看成是一种幻象。痛苦是由于形式认同而产生的。有时通过唤醒别人的本体意识,就可以奇迹般地治愈痛苦。

这就是慈悲的含义吗?

是的。慈悲是你自己和众生之间的一种深深的联结,但是慈悲和这种联结都有两面性。一方面,由于你仍然以肉体的

> 一个最强有力的灵修方法就是深入地冥想一切（包括你自己）最终都会死亡。

形式存在，你就与其他所有人一起共享着身体形式的脆弱性和必死性。下次当你说"我与这个人完全没有共同点"时，请记住，你与他有很大的共同性：几年后——两年或七十年后，你们不会有太大的区别，你们都会成为腐烂的尸体，然后化为尘土，一无所有。这个现实很残忍。这是消极的思维吗？不，不是的，这是事实。为什么不正视它呢？从这个意义上来说，你和所有人之间是完全平等的。

一个最强有力的灵修方法就是深入地冥想一切（包括你自己）最终都会死亡。也就是说：在你死之前就死亡，深深地走进它。你的身体形式在不断地衰弱，然后你所有的思维形式或思想内容也会跟着死亡。但是你仍然存在——你神圣的本质仍然在那里。真实的、严明的、觉醒的本质性的东西不会死亡，死亡的只是你的名字、形式和幻象。

对这种不朽状态（你的自然本质）的认识是慈悲的另外一面。在一个较深的感受层面，你不仅会认识到你自己的不朽性，还会通过它认识到众生的不朽性。在形式层面，你们共同在生死与无常里存在。在本体层面，你们共享着光明的永生。这就是慈悲的两个层面。在慈悲里，表面上对立的悲

第九章
超越幸福和不幸

伤与欢乐融为一体并转变成内心深深的宁静。这就是人类所能拥有的最高贵的情操，它有着治愈和转化的力量。但是真正的慈悲，如我刚才所描述的那样，是很稀少的。要对别人的痛苦抱有深刻的同情心当然需要高度的意识，但是这仅代表慈悲的一个方面。这是不完善的。真正的慈悲是超越同情心的。直到悲伤与欢乐——超越形式的本体喜悦，永恒生命的欢乐——结合在一起时，你才会拥有真正的慈悲。

§

一个不同层次的现实

> 我认为身体不一定会死亡。我确信我们可以永生不死。我们相信死亡，这才是身体死亡的原因。

身体不会因为你相信死亡而死亡。身体存在或看似存在，是因为你相信死亡。身体和死亡都是相同幻象的一部分，它由小我的意识模式产生，它对生命的源头没有认识，视它自己为孤立的并不断地遭受威胁。所以它创造了一种幻象：你是一个身体，一个不断遭受威胁的密集的物质形式。

将你自己感知成一个经历生与死的脆弱身体就是一个幻象。身体和死亡都是幻象。两者密不可分。你不可能在你的这

> 如果你看到了天使，却把它误认为是一块石雕，这时你所需要做的就是调整你的视角，并更为仔细地观察这块石雕，而不是向别处看。这时你就会发现那里根本没有石雕。

个幻象中保持一个而摆脱另外一个。你要么全部将它当成幻象，要么将它们全部放弃。

然而，你不可能从你的身体中逃脱出来，你也不需要。身体是你对你真正本质的误解。但是你真正的本质隐藏在这种幻象之中而不是在外，所以身体是进入你真正本质的唯一切入点。

如果你看到了天使，却把它误认为是一块石雕，这时你所需要做的就是调整你的视角，并更为仔细地观察这块石雕，而不是向别处看。这时你就会发现那里根本没有石雕。

> 如果相信死亡创造了身体，那么为什么动物有身体呢？动物不会有自我，并且它也不会相信死亡。

它仍然会死亡或看似死亡。

记住，你对世界的感知是你意识状态的一个反映。你并没有与其分离，没有一个外在的客观世界。每一刻，你的意识都在创造着你所栖身的世界。现代物理学给我们一个最大

第九章
超越幸福和不幸

> 每一刻,你的意识都在创造着你所栖身的世界。

的启迪就是:观察者与被观察者的合一。观察者不能与被观察的现象分开,不同的观察角度会导致被观察对象行为的不同。如果你深信我们是孤立的,而且要生存就必须要奋斗,那么你所看到的世界就是你这个信念的反映,所有你的感知都会被恐惧所操控。你也会住在一个死亡、战斗、弱肉强食的世界。

没有一件事是它表面看起来的那个样子。通过小我的思维所创造的和你所见到的世界,可能看起来是一个非常不完美的地方,甚至是流泪之谷。但是你所感知到的任何东西仅仅是一个象征,就像你梦中的意象一样。你的意识就是用这种方式对宇宙的分子能量进行阐释和与之互动的。这种能量是所谓的身体本质的原材料。你以身体、生与死或为生存奋斗的方式来看这个世界。无数个完全不同的解释,完全不同的世界都是有可能的,而且实际上都是存在的,所有这些都取决于你感知的意识。每一个存在都是一个意识的聚集点,每一个聚集点都创造了一个它们自己的世界,即使这些世界都是相互联系的。地球上有人类世界、蚂蚁世界、海豚世界等,还有很多存在体,由于它们意识频率与你的不一样,你

> 现在展现在我们面前的世界，很大一部分是人类小我思维的反映。恐惧成为小我幻象不可避免的结果，而这种小我幻象是由恐惧主导的世界。

可能还未意识到它们的存在，它们也不知道你的存在。高意识的动物会注意到它们与意识源头以及万物之间的相互联系，因此它们居住的世界对你而言就是天堂。尽管如此，最终所有的世界终极都是合一的。

我们人类世界大部分是通过某种意识水平——我们称之为思维——来创造的。甚至在我们的人类世界里面，也有许多不同的小世界，它们通过那些感知者或创造者的不同意识而创造。由于所有的世界都是相互联系的，所以当人类集体意识被改变时，自然和动物王国将会反映这种变化。因此，《圣经》说："在未来，狮子和羊羔将会睡在一起。"这指出了一个完全不同层面的现实。

现在展现在我们面前的世界，如我所说的，很大一部分是人类小我思维的反映。恐惧成为小我幻象不可避免的结果，而这种小我幻象是由恐惧主导的世界。就像梦中的意象是内心状态和感觉的象征一样，所以我们的集体现实很大一部分是恐惧的象征性表现，也是积累在人类灵魂中沉重的消极心态的象征性表现。我们与世界不是分离开的，所以当绝大部

第九章
超越幸福和不幸

分人从小我幻象中解放出来时,这种内在的变化将会影响所有的生物。你将会实实在在地居住在一个新的世界之中。这将是全球意识的转变。佛教徒说所有的树和草最终将会开悟,说的也是这个真理。圣保罗说:所有的生物都在等待人类的开悟。我将他的话理解成:"宇宙在急切地等待上帝之子的出现。"圣保罗还说:"直到现在,整个宇宙像分娩一样痛苦地呻吟。"所有生物就在等待这一刻而得到救赎,而即将诞生的是一个崭新的意识,以及新意识所势必反映出来的新世界。

请别把因果混淆起来。你主要的任务不是通过创造一个更好的世界而获得拯救,而是从形式认同当中解放出来。这样你就不会受限于这个世界和它这个层次的现实。你就能在未显化状态中感觉到你的根,因而你也就不会执着于显化世界。你仍然可以享受这个世界上稍纵即逝的欢乐,但是你不会再害怕失去,所以你不需要依赖它们。虽然你能享受感官上的欢乐,但是你不会再渴望感官体验,因为这种渴望是经过心理满足和"喂养"自我而持续寻求成就的。你会接触到一些比任何的欢乐、所有显化出来的东西更无限伟大的东西。

这样,你就不再需要这个世界了。你甚至不需要它有所改变了。

只有这样,你才会开始为创造一个更好的世界做出贡献,为创造一种不同层次的现实做出贡献。只有这样,你才能感受到真正的慈悲,才能真正地帮助别人。只有那些超越世界的人才能创造一个更好的世界。

你可能记得我谈到过慈悲的二元性，它是对必死性和不朽性之间联结的觉知。在这个更深的层次上，慈悲变得具有最广泛的疗愈作用。在这种状态中，你疗愈的影响力不是来自你的行为，而是来自你的本体。不管他们是否意识到了这一点，与你接触的每一个人都会被你的临在意识和你散发出来的宁静所影响。当你完全临在而你周围的人表现出来的却都是无意识行为时，你不会对他们做出任何反应，因为你不认为那是真实的。你宁静的影响力如此广阔、深远，以至于那些不处于宁静状态的东西都会消融于其中，就像它们没有存在过一样。动物、树木、花草将会感受到你的宁静并对此做出反应。你通过你的存在，通过展现上帝的宁静来教导大家。你变成了散发出纯意识的世界之光，进而在"因"的方面消除了痛苦。你也从这个世界上消除了无意识。

§

但是，这不是说你不会通过你的行为来教导别人，比如说，指导别人如何从思维认同中摆脱出来，认出自己的无意识模式等。但是你的本质比你所说的、所做的更为重要。认识到本体的重要性，而在"因"上面下功夫并不是要排除慈悲表现在你行为上的可能性。当你遇到一个饥饿的人向你要面包，而你又有时，你将会给予。但是当你给出面包时，即

第九章
超越幸福和不幸

> 如果没有人类意识的深刻变化,世界所遭受的痛苦将是一个无底洞。

使你们的互动只是片刻间,真正重要的是去分享存在,而面包只是一个象征。在这过程中会有更深层的疗愈发生。那一刻,就不会有施舍者,也不会有接受者。

但是应该是没有饥饿和饥荒的呀!我们应该如何去创造一个不存在饥饿、暴力等邪恶事情的更美好的世界呢?

所有的邪恶都是无意识的果。你可以减少无意识所带来的果,但是你不能消除它们,除非你消除了它们的因,因为真正的变化发生在内在,不是外在。

如果你觉得要用爱的召唤去减轻世界的痛苦——这是一个崇高的事业——那么请记住不要把注意力都集中在外部事情上,否则你将会遇到挫折和绝望。如果没有人类意识的深刻变化,世界所遭受的痛苦将是一个无底洞。所以不要使你的同情心变得片面,在对别人痛苦、匮乏的同情、帮助别人的愿望,以及对所有生命的永恒本质,乃至所有痛苦的最终幻象深刻了解之间,请找到平衡。让你内心的宁静流入你所做的任何一件事情上,这样你就会在因和果上同时发挥作用。

当你在阻止完全无意识的人毁坏他们自己、别人、地球以及将痛苦加诸公众之上时，这种做法同样有效。记住：就像你不能与黑暗抗争一样，你也不能与无意识抗争。如果你试着这样做，事物对立的另一面就会得到加强。你就会被其中一个对立面所认同，你会创造一个敌人，并把你自己拖入无意识状态之中。无论如何请确保你的内心没有抗拒，没有仇恨，没有消极力量。耶稣说："去爱你的敌人。"这句话当然是"不要树敌"的意思。

一旦你在"果"的层面下功夫，就很容易让自己迷失其中。你要保持警觉，要深深进入临在状态。但你仍需以"因"的层面作为首要的焦点，以开悟的教化作为主要目的，以和平作为你给予世界的最珍贵的礼物。

第十章
臣服的意义

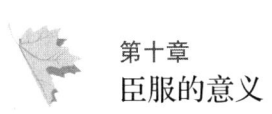

接受当下时刻

你几次提到过"臣服"。我不喜欢这个观点，它听起来就像宿命论一样。如果我们一直接受现实，我们就不会努力去改善它。在我看来，在个人生活和集体方面，进步的含义就是不去接受现实的局限，而是努力超越现实，把事情变得更好。如果我们人类不这么做，我们今天仍会住在洞穴里。我们应怎样在改善现状、完成工作以及臣服之间找到平衡呢？

对于有些人来说，臣服可能很消极，意味着失败、放弃、无法面对生活中的挑战、迟钝、退缩等。然而，真正的臣服是与这些完全不同的。它不

> 臣服是一种顺随生命流动，而不逆流
> 而上的简单而又深刻的智慧。

是说消极地去忍受你生活中出现的任何情况，不做任何努力，也不是说停止制订计划或采取积极的行动。

臣服是一种顺随生命流动，而不逆流而上的简单而又深刻的智慧。你唯一能体会到生命流动的地方就是在当下时刻，所以臣服就是无条件、无保留地接受当下时刻。它是放弃对当下的内心抗拒。内心抗拒就是通过心理批判和消极的情绪，对当下时刻说"不"。当事情出错的时候，即你思维的要求和期望与现实之间有差距时，内心抗拒就会变得尤其明显。如果你年纪够大，就会知道事情出错是很正常的。如果你要从生活中消除痛苦和悲伤，这就是练习臣服的最终时刻。接受当下的现实，你就会立即从你的思维认同中解放出来，从而与你的本体相联结。抗拒就是思维。

臣服是一种纯内心现象。它不是说在你的外在不采取行动并改变状况。事实上，当你臣服时，你需要接受的不是所有的情况，而是被称为当下的那一小部分。

比如，当你陷入泥沼中时，你不会说："好，我认了，我就让自己陷入泥沼中吧。"听任事态发展不是臣服。你不需要接受不开心的生活情境，也不需要欺骗你自己说："陷入泥沼

第十章
臣服的意义

> 不对当下时刻贴任何心理标签，不断地臣服于当下，直到你取得理想的结果。

中没什么不好的。"不，你完全认识到你应该从泥沼中脱身而出，然后将注意力集中在当下时刻，而不给它贴心理标签。这就是说对当下没有批判，也就没有抗拒，没有消极情感。接受当下的现实，然后采取行动，尽最大的努力从泥沼中摆脱出来。这种行动叫积极的行动，它比产生于愤怒、绝望或挫折的消极行为更具威力。不对当下时刻贴任何心理标签，不断地臣服于当下，直到你取得理想的结果。

让我来举一个很形象的例子。在一个浓雾弥漫的夜晚，你一个人独自走在路上。但是你有一个光亮很强的手电筒，在浓雾中开辟了一个狭窄而明亮的空间。浓雾就是你的生活情境，它包含着过去和未来；手电就是你的意识临在；明亮的空间就是你的当下时刻。

不臣服会让你的心理形式——小我的外壳更加顽固，所以创造了一种很强的孤立感。你周围的世界，尤其是你周围的人就会被你视为一种威胁。经由批判而产生想去毁坏其他人或其他物的无意识的冲动，还有竞争和操控的欲望，就会产生。甚至大自然也会变成你的敌人，你的认知和解释都被恐惧所控制。被我们称为偏执狂的心理疾病比起这种正常但

> 如果你发现你的生活情境令你不满意
> 或无法忍耐,只有通过臣服,你才能打破
> 充满在你生活情境中的无意识的抗拒。

又充满障碍的意识状态,只稍微严重了一些。

除了你的心理形式,你的身体也会因为抗拒变得古板和僵硬。身体的各个部位会产生紧张感,整个身体都会收缩。对健康极为重要的生命能量的自由流动就会受到限制。一些治疗身体的方法可能对恢复这种能量流动有所帮助,但是除非你在日常生活中练习臣服于当下,否则这些方式只会起到表面作用。因为它的根本原因——抗拒的模式——没有被消除。

你体内的有些东西永远不会被构成你生活情境的阶段性环境所影响,但是只有通过臣服你才能接触到它。它就是生命,你的本体——存在于当下时刻的无时间领域,而"找到这种生命",就是耶稣说的"你唯一需要做的事"。

§

如果你发现你的生活情境令你不满意或无法忍耐,只有通过臣服,你才能打破充满在你生活情境中的无意识的抗拒。

臣服与采取行动、寻求变化或达到目标是完全一致的。但是在臣服状态中,一种完全不同的能量会流入你所做的事情之中,臣服让你和本体的能量源头重新联结。如果你所做

第十章
臣服的意义

> 如果你所做的事是与本体相联结的，那么它将会变成你生命能量的一场庆典，并将带你更深入当下。

的事是与本体相联结的，那么它将会变成你生命能量的一场庆典，并将带你更深入当下。通过不抗拒，你意识的质量、做事或创造的质量将会得到极大的提高。臣服的效果会自然出现并反映出这些质量。我们可以称它为"臣服行动"。它不再是我们几千年来惯称的工作。随着越来越多的人觉醒，工作这个词将会从我们的词典中消失，或许将会被一个新的词所替代。

你会经历什么样的未来，主要决定于你当下时刻意识的质量。所以臣服是引发积极变化的关键所在。你所采取的任何行动都是次要的。离开了臣服的意识状态，就不会产生任何的积极行动。

> 我知道，当我处于一种不开心或令我不满意的状态时，如果完全接受事实，我就不会痛苦或不开心。但是，我仍然疑惑，如果没有一定程度的不满意，那么采取行动和做出变化的能量或动力从何处产生呢？

在臣服状态中，你会清楚地看到你需要做什么，然后采取行动，一次只做一件事，一次将注意力集中在一件事上。

从大自然中学会这个道理：观察万事是如何运作的，生命的奇迹是如何在没有不满或不开心的状态下展现在你面前的。这就是"看看这些百合花是如何生长的；它们不耕不纺却过得好好的"的原因。

如果所有的状况都令你不满意或不开心，请你立即将当下这一刻从那些状况中分离出来，向事实臣服。它就是穿越浓雾的手电筒。这样你的意识状态就不会被你的外部状况所控制。你就不会有反应，也不会去抗拒。

然后，请看看你的生活情境，试着问你自己："我可不可以做些事情来改变这种状况，改善它或离开它呢？"如果可以，你就会采取合适的行动。不要将注意力集中在未来需要做的一百件事情上，而要将注意力集中在此刻可以做的一件事情上。这不是说你不需要做任何计划，或许这个计划就是你现在需要做的一件事。我所说的是请不要开始播放心理电影，把你自己投身于未来之中，从而丢失了当下。你现在所采取的行动也许不会立即有结果，但在结果出现前，请接纳当前的事实。如果你无法采取任何行动，也无法从你的状况中离开，那么请你臣服，更深地进入当下时刻以及本体意识。当你进入本体的无时间状态时，你有时不需要做很多事情，变化就会以意想不到的方式出现。生活会帮助你，并与你合作。如果内在因素（比如恐惧、愧疚或惰性）阻止你采取行动，它们也将会消失在你的本体意识之光中。

第十章
臣服的意义

> 如果你臣服，你就会将注意力集中在你的内在，并检查那里是否有抗拒的存在。

请别把臣服与"我不愿再烦恼了"或"我不在乎"这种态度混淆在一起。如果你仔细观察，就会发现这种态度与消极心态有关，有隐藏的怨恨在其中，所以它根本不是臣服，而是戴着面具的抗拒。如果你臣服，你就会将注意力集中在你的内在，并检查那里是否有抗拒的存在。请保持警惕，或许有许多抗拒会以思维或未被辨认出来的情绪形式隐藏在你的内心黑暗处。

从思维能量到灵性能量

> 放下抗拒，说起来简单，做起来难。我仍然不清楚该如何放下抗拒。如果你说通过臣服来放下抗拒，那么问题是："怎样做？"

首先承认你的内心有抗拒。观察你的思维是如何创造抗拒，如何为你的生活状况、你自己或他人贴标签的。关注思维的过程，感受情绪的能量。通过观察抗拒，你将会明白它毫无用处。将注意力集中在当下，无意识的抗拒就会变成有意识。你不可能既有意识又不开心,既有意识又有消极心态。任何形式的消极心态、不开心或痛苦都意味着有抗拒的存在,而抗拒通常是无意识的。

我当然对不开心的感觉有意识了?

你会选择不开心吗?如果你没选择它,它是怎么产生的?它的目的是什么?谁让它持续下去的?你说你能意识到不开心的感觉,但事实是你对这些感觉认同了,并不由自主地在让这个过程持续下去。所有的这些都是无意识。如果你有意识,也就是说你完全进入当下时刻,那么所有消极的心态就会立即消失。它们无法在你临在的意识中生存。它们只能在你无意识的状态中生存。痛苦之身无法在你临在的意识状态中存活很久。给痛苦时间,会让它持续下去,时间就是它的生命血液。用你强烈的临在意识去除时间,它就会消亡。但是你要它消亡吗?你真的受够了吗?如果没有它,你将会是谁?

当你臣服时,你散发出来的能量振动频率,要比仍然控制我们世界的思维能量的振动频率高得多——思维能量创造了现存的政治、经济和社会结构,并通过我们的教育体制和媒体不断地扩散。通过臣服,灵性能量就会来到我们这个世界。有了它,你就不会为你自己、为他人、为地球上的其他生物创造任何痛苦。不像思维能量,它不会污染地球,它不会受限于两极定律,即任何事物都是有对立面的,也就是没

第十章
臣服的意义

> 当你臣服时,你散发出来的能量振动频率,要比仍然控制我们世界的思维能量的振动频率高得多。

有恶就没有善。那些被思维控制的人仍然占世界人口的绝大部分,他们仍然没有意识到精神能量的存在。这种精神能量属于不同层次的现实,当足够多的人进入了臣服的状态,并完全由消极状态中释放出来之时,它将会创造一个截然不同的世界。如果地球要持续生存下去的话,居住在它之上的人就需要有这种能量。

那些无意识的思维模式可能在短时间内仍然很活跃,但是它们不会再次控制你的生活。你曾经所抗拒的外在情境也会发生变化,并在臣服状态中很快消失。它是情境和人的有力工具。如果情况没有立即发生变化,你对当下时刻的接受就会使你得以超越它们。不管是以上情况的哪一种,你都自由了!

在个人关系中臣服

> 如果有人要利用、操纵或控制我,我该怎么办?我要向他们臣服吗?

他们没有本体的意识，所以他们无意识地想从你那获取能量和力量。实际上，只有无意识的人才会企图利用或操控他人，但是也只有无意识的人才会被别人利用或操控。如果你抗拒或反抗别人的无意识行为，你自己也会变得无意识。但是臣服不是说你允许那些无意识的人利用你。绝对不是。你完全可以坚定地对那个人说"不"，或者离开那种情况，并同时进入内心的完全无抗拒状态。当你对一个人或一个情境说"不"时，让它产生于你对是与非的清楚了解和你的洞见，而不是你的反应。让它成为一个非反应的"不"，高质量的"不"，一个不带任何消极情绪的"不"，这样它就不会创造更多的痛苦。

工作中的一个情况让我很不开心，我也试着向它臣服，但是我发现那不可能。我的心中充满了抗拒的情绪。

如果你不能臣服，请你立即采取行动：说出来或做一些事情来改变这种状况，或者离开它。请对你的生命负责。别用消极心态污染了你美丽的内在和这个地球。请不要让任何形式的不开心在你内心中生存。

如果你无法采取行动，比如当你在监狱中时，那你有两个选择：抗拒或臣服；被束缚或不依赖于外在环境而获得内心自由；承受痛苦或享受内心的宁静。

第十章
臣服的意义

> 通过臣服，你与别人的关系将会得到巨大的改变。

对外在行为我们也要采取非抗拒的形式吗？比如不抗拒暴力，或是抗拒仅仅与我们的内在生命有关？

你只需要关注你的内心状态，这是主要的。当然，这将会改变你外部生活的行为、你与别人的关系等。

通过臣服，你与别人的关系将会得到巨大的改变。如果你总是不能接受事实，就意味着你不会接受任何本然的面目。你将会批判、批评、标记、拒绝或试图改变他人。

如果你一直把当下视为达到未来目标的一种手段的话，你也会把你碰到或与你相关的人当成达到你目标的一个工具，那么你们的关系、那个人，对你而言就是次要的或根本不重要的了。在这种情况下，你能从这段关系中得到什么才是最重要的——也许是物质的收获、权力感、肉体的欢愉或其他形式的小我的满足。

现在让我来阐述一下臣服在人际关系中是如何发挥作用的。当你与别人发生争论或冲突时（也许是你的伴侣或你亲近的人），首先请观察当你被攻击时，你是如何进行防卫的，或当你攻击别人时，你是如何展开进攻的。观察你对自己观

> 如果你突然感觉到非常轻松、清晰和宁静，那么，这毫无疑问就是你已经真正地臣服了的信号。

点和意见的执着。请感觉你好胜心理背后的心理—情绪能量。这是一种小我的思维能量。通过觉知它、感受它，你将会使自己变得有意识。然后在某天，当你与别人争论时，你将会突然意识到你还有一个选择，并决定放弃你的反应——仅看看接下来会发生什么事。这时你臣服了。放弃反应不是指仅口头上说"好，你是对的"，脸上却写着"我才不屑于你这种幼稚的无意识之举"。这种口是心非的反应，只是把抗拒放置在另一个层面，小我思维仍然占主导地位，占绝对的优势。真正的臣服是放下整个争斗的心理—情绪的内在能量场。

小我非常狡猾，所以请你一定要保持警惕，非常临在并诚实地观察你是否真正地放弃了你的思维认同。如果你突然感觉到非常轻松、清晰和宁静，那么，这毫无疑问就是你已经真正地臣服了的信号。然后再观察另外一个人的反应。当思维认同被放弃时，真正的交流就开始了。

> 面对暴力、侵略之类的行为时，不抗拒是什么意思？

不抗拒并不是说不采取任何行动。它是指你做的所有事情都不是由反应引起的。记住，东方武术中深藏的智慧：因

第十章
臣服的意义

势利导，以柔克刚。

我说过，当你处于强烈的临在状态中时，"无为"是转化和疗愈个人的一个强有力的工具。在道教中，有"无为"这个词，它通常被理解成"无行动的行动"或"无行动地安静地坐着"。在古代中国，这被看成是一个最高的成就或美德。它与普通意识状态或无意识状态中的不采取任何行动有着很大的区别。后者源于恐惧、惰性或优柔寡断。真正的"无为"意味着内心的不抗拒和高度的警惕。

如果需要采取行动，你的行动将不会是对你的思维的反射，而是从有意识的临在中对情况做出反应。在这种状态下，你的思维中没有任何概念，包括非暴力概念。所以谁会预测得到你将会做什么呢？

小我认为你的力量隐藏在你的抗拒之中；而事实上，抗拒使你与力量的真正源头——本体相脱离。抗拒是伪装成力量的恐惧和懦弱。小我视为懦弱的，事实是你最纯净、无邪和有力量的本体；而它视为力量的其实就是懦弱。所以，小我存在于无数的抗拒模式中，它起着反作用来掩盖你的"懦弱"——而实际上这种"懦弱"却是你真正的力量之所在。

在你臣服之前，无意识的角色扮演会在很大程度上影响着人类的互动。在臣服状态中，你不再需要自我辩护和虚假的面具。你会变得非常简单、非常真实。小我说，"这是很危险的"，"你将会受到伤害，你将会变得脆弱"。但小我不知道臣服是内心毫无保留地接纳事实。此刻我们在谈论的是你的生命,而不是谈论你的生活条件或生活环境,也就是生命情境。

的是:只有通过臣服,放弃抗拒,通过变得"脆弱",你才会发现你真正的、关键的不可摧残的本质。

将疾病转化成开悟

如果某人得了重病并完全接受事实和向疾病臣服,他们就会放弃他们重返健康的愿望吗?这样与疾病抗争的决心就不再存在了,是吗?

臣服是内心毫无保留地接纳事实。此刻我们在谈论的是你的生命,而不是谈论你的生活条件或生活环境,也就是生命情境。

疾病是你生活情境中的一部分,因此它有过去和未来。过去和未来会构成一个连续体,只有通过你的意识,存在当下的力量才可能被激活。如你所知,构成你生活状况的各种条件存在于时间里,但是在这些生活状况之下却有着更深层、更重要的东西——你的生命,无时间的当下时刻。

由于在当下时刻没有问题存在,也就没有疾病的存在了。

第十章
臣服的意义

> 臣服不是改变现实,至少不是直接地改变。臣服改变的是你。当你被改变了,你的整个世界就改变了,因为世界只是你内在的反映。

借由聚焦在每一瞬间,而不去给它贴上心理标签,疾病就被简化为一个或几个因素:身体的疼痛、虚弱、不适或残疾。这就是你现在需要向其臣服的东西,而不是臣服疾病这个概念。允许痛苦迫使你进入当下时刻,进入强烈的意识临在状态,利用它来开悟。

臣服不是改变现实,至少不是直接地改变。臣服改变的是你。当你被改变了,你的整个世界就改变了,因为世界只是你内在的反映。我们之前已经谈论过这一点。

如果你照镜子时并不喜欢镜子中的你,而开始攻击镜子中的意象的话,这就是疯狂的!而这就是当你处于不接受状态时所做的。当然,如果你攻击了镜子中的意象,它会反过来攻击你。如果你接受了镜子中的意象,不管它是什么样子,如果你对它友善,它就不可能对你不友善。这就是你改变世界的方式。

疾病不是问题,你才是问题——只要你的小我思维处于控制状态。在你生病或残废时,不要认为你在某个方面已经失败了,不要感觉愧疚。不要责备生活对你不公平,更不要责备你自己。所有的这些都是抗拒。如果你生的是大病,请利用它去实现开悟。利用生活中任何"坏"的东西去开悟。把时间从疾病中撤除。不要为它贴上任何过去和现在的标签。让它迫使你进入强烈的当下时刻,并观察所发生的事情。

请成为一个炼金术士。将金属变成金子,把痛苦变成意识,把疾病变成开悟。

如果你生了重病,你会对我刚才所说的感到愤怒吗?如果是这样,就表明疾病已成为你自我意识的一部分,你正在保护你的思维认同,保护你的疾病。实际上,被标记成疾病的状况与你的真正本质无关。

§

当灾难降临

对于绝大部分无意识的人来说,只有在某种极限情况(limit-situation)下才有潜力打破自我的坚硬外壳,迫使他们臣服并进入觉醒状态。极限情况包括灾难、暴动、巨大的损失或你的个人世界的毁灭等。这是一个与死亡的会晤,不管是肉体上或心理上的小我思维——这个物质世界的创造者——毁灭了。在旧世界的灰烬中,一个新的世界会诞生。

我们当然不能保证极限情况会有这种效果,但它的潜力

第十章
臣服的意义

是存在的。在这种情况下,有些人对事实的抗拒会更加强烈,以至于让他们入了地狱。还有些人,只能部分地臣服,但是这样也会给他们一定的深度和宁静。部分自我外壳打破了,这样就使得隐藏在思维背后少量的光辉和宁静穿越出来。

极限情况创造了许多奇迹。有些谋杀犯在等待死刑的最后几个小时,可能会体验到这种无自我的状态及其所带来的深沉的喜悦和宁静。他们曾经对事实如此强烈的抗拒,让他们感受到无法忍耐的痛苦,并且他们无处可逃,也无法可逃,甚至没有一个思维可以投身其中的未来。所以他们被迫接受了这种不可接受的事实。他们被迫臣服。这样他们就进入了恩典的状态,而被从过去之中解放出来。当然,使恩典的奇迹得以发生的不是所谓的极限情境,而是臣服的举动。

所以,无论何时,即便是灾难降临时或者某些事情严重出错时——疾病,残废,丧失家园、财富或社会身份,爱人去世或遭受痛苦,失恋,或自己面临死亡——你都会知道它们还有另外一面:一个完全转化的炼金术,把痛苦的金属变成金子,并且你离它们只有一步之遥。这一步就叫臣服。

我不是说在这种情况中你会变得开心。你不会的。但是恐惧和痛苦将会被转变成一种内心的宁静。这种宁静来自一个深沉的地方——未显化状态。这就是超越一切的平安。快乐与之相比只是非常浅薄的东西。在光明的平和里你会产生一份体悟——不是来自思维层面,而是来自你本体的深

> 这种宁静来自一个深沉的地方——未显化状态。这就是超越一切的平安。快乐与之相比只是非常浅薄的东西。

处——你体悟到了你的不灭和不朽。这不是一个信念，而是不需要他证的绝对确信。

将痛苦转变成平安

> 我读过有关古希腊一位禁欲哲学家的文章，当他被告知他的儿子死于意外时，他回答说："我早知道他不是不朽的。"这是臣服吗？如果是，我不要这种臣服。在有些情况下，臣服看起来不自然而且没有人性。

切断你的感受并不是臣服。但是我们不知道当这位哲学家说这样的话时，他的内心状态是怎样的。在有些极端的情况下，你可能仍然不可能接受当下时刻，但是你仍然会得到第二次臣服的机会。

你的第一个机会是向当下的现实臣服。承认现实不能改变——因为它已经发生了。然后视情况而定，做你必须做的事情。如果你接受现实，就不会再有消极心态，不会再有痛苦，不会再有不开心的事。这样你就会生活在一种非抗拒的

第十章
臣服的意义

状态之中，一种充满恩典、轻松、没有挣扎的状态。

如果你做不到这样，当你错失了这第一个机会时——因为你没有足够的意识来阻止一些习惯性的和无意识的抗拒，或者因为情况是如此的极端，到了你绝对无法接受的程度——你就会创造某种形式的痛苦。表面上看起来是情况在创造痛苦，其实是你的抗拒在创造痛苦。

现在你还有第二个臣服的机会：如果你不能接受外在的状况，那么请你接受内心状况。这就是说，不要去抗拒痛苦，允许它的存在。向悲伤、绝望、恐惧、孤单或者任何形式的痛苦臣服。在不贴心理标签的情况下去观察它，拥抱它。然后，观察臣服的奇迹是如何将深深的痛苦转化为深深的宁静的。这显然是你的磨难，但让它成为你复活和提升的契机。

> 我不明白一个人如何向痛苦臣服。如像你自己所指出的那样，痛苦是不臣服，那么，你是怎样向不臣服去臣服的？

请暂且忘记臣服。当你深深地陷入痛苦之中时，所有对臣服的谈论都可能无效和没有意义。当你的痛苦很深刻时，你可能有很强的欲望去逃避它而不是向它臣服。你不想去感受你所感受的，还有什么会比这更正常呢？但是这种逃避无济于事。你有许多种逃避方式——工作、喝酒、药物、愤怒、压抑等，但是它们不会使你从痛苦中解放出来。痛苦不会因为你把它压到无意识中而减轻。当你否认你情绪上的痛苦时，你所做的或所想的，以及你与别人的关系都会被它所污染。你会传播它们，就像你散发你的能量一样，其他人就会潜意识地拾起你的痛苦。如果他们处于无意识状态中的话，他们可能会不由自主地以某种形式攻击或伤害你。或者你会无意识地将你的痛苦投射到对方，从而伤害他们。你会吸引或创造和你内在状态呼应的事件。

当你无法脱离痛苦时，你仍然还有另外一个选择。那就是，不去逃避它，而是去面对它，去全面地感受它。感受它，但不要去思考它。如果有需要，你可以将你的痛苦表达出来，但是不要在你的思维中去写剧本。将注意力集中在你的感受上，而不是集中在造成这种感觉的人、事情或情况上。别让思维利用你的痛苦去创造一种受害者身份。为自己感到可怜并将自己的故事告诉他人会使你困在痛苦中。由于你不可能从这种感觉中脱离出来，所以转化痛苦的唯一可能性就是深入痛苦之中，否则任何事情都不会发生变化。所以请将你的注意力集中在你的感觉之上，并且不要对它做任何心理标记。当你深入这种感觉时，请保持高度警觉。首先，它可能看起来像一个黑暗而令人恐惧的地方，并且当你脱离它的愿望产生时，请观察它但不要采取行动。不断地将你的注意力集中在你的痛苦上，并感受悲伤、恐惧、愤恨和孤单等。请保持警觉，保持临在——与你的整个存在共存，与你身体的每一

第十章
臣服的意义

个细胞共存。当你这样做的时候，你就会将光明带进黑暗。这就是你意识的火焰。

在这个阶段，你不需要再关注臣服了。它已经发生了。如何发生的？全面的关注就是全面的接受，就是臣服。通过全面关注，你利用了当下的力量，也就是你本体的力量。没有任何抗拒可以在这种力量中生存。进入当下时刻，就不会有时间的存在，没有时间，就不会有痛苦，也不会有消极心态。

对痛苦的接受是通向死亡的旅程。面对痛苦，允许它的存在，接受它的事实，将你的注意力集中在它身上，就是有意识地进入死亡。当你已经消灭了这个死亡，你就会认识到没有死亡——你也不会再有恐惧。唯一死亡的就是小我。

你想要有一种轻松的死亡方式吗？你想要没有痛苦地死去吗？那么请你随着每一刻的消逝而死亡，让你的意识之光驱散被时间包围的小我。

§

受苦之路

许多人说，通过深深的痛苦，他们找到了上帝，基督教中流传一句话"受苦之路"，我想这指的是一回事。

严格地说，他们没有通过痛苦找到上帝，因为痛苦意味着抗拒。他们通过臣服，通过完全接受事实找到了上帝，剧烈的痛苦迫使他们进入这种状态。他们在某个层面已经认识到，他们的痛苦是自己创造的。

你为什么将臣服和找到上帝看成是一回事？

因为抗拒与思维密不可分，放弃抗拒，即臣服，就是思维的终结。放弃抗拒，所有的批判和消极心态都会消失。这样，以前被思维所遮挡的本体就会敞开大门。突然之间，在你的内心就会产生宁静的空间，其中就有巨大的喜悦。在这种喜悦中就有爱的存在，并且在内心的最深处，有一种神圣的、不可测量的和不可名状的东西。

我不称它为找到上帝，因为你怎么能找到那永远不会丧失，且就是你的本质的生命？上帝这个词是有局限性的，不仅是因为几千年来的错误理解和错误运用，还因为它意味着一个在你之外的实体。上帝是本体本身，而不是一个实体。这里没有主观和客观的关系，没有二元性，没有你和上帝。上帝的实现是最为自然的事情。

你提到的受苦之路是一种通向开悟的旧方式，一直以来，都是唯一的方式。但是请不要低估它的效用，它仍然很有效。

受苦之路的意思是通过迫使你臣服，迫使你进入死亡状态，迫使你变得一无所有，迫使你变成上帝——因为上帝也

第十章
臣服的意义

> 人类的痛苦不是上帝的惩戒，而是由人类自己造成的。

是一无所有的——将这些你生活中最坏的事情、你的磨难变成在你身上发生过的最好的事情。

现在，对于绝大部分无意识的人来说，受苦仍然是开悟的唯一方式。他们只有通过遭受磨难才能觉醒，才能开悟。这个过程反映了主导意识增长的宇宙规律的作用，并且有些先知也预测到了这一点。人类的痛苦不是上帝的惩戒，而是由人类自己造成的，同时还有来自地球的防卫措施，因为地球是一个充满智慧的生物体，它会保护自己不受人类疯狂行为的伤害。

然而，今天有越来越多的人在开悟之前就有足够的意识来避免遭受任何痛苦。或许，你也可能是他们之中的一员。

通过受苦来开悟，即受苦之路，你最终会被迫臣服，因为你不能再忍受任何痛苦了。开悟会有意识地选择让你放弃对过去和未来的执着，来使当下时刻成为你生活中的重点。它会使你进入临在状态而不是时间状态。它意味着你对事实说"是"，这样你就不会有任何痛苦。在你说"我不会再创造痛苦，不会再遭受痛苦"之前，还需要多长时间？你到底还要受多少苦才能让你做出那个选择？

如果你认为你还需要更多的时间,你就会得到更多的时间,当然,还会遭受更多的痛苦。时间和痛苦是密不可分的。

选择的力量

那些的确想受苦的人又是怎样的呢?我有一个朋友经常遭受其伴侣的虐待,并且她之前的伴侣也是这样对她的。她为什么要选择这样的男人,为什么她不从这种情况中摆脱出来?为什么有这么多人要选择痛苦?

我知道"选择"这个词是新时代最喜欢用的词,但是在这种情况中它的意思就不完全准确了。认为某人在他或她的生活中"选择"一种不正常的关系或一种消极的生活状况,这种观点具有误导性。选择意味着意识——高程度的意识。没有它,你就不会有选择。当你从思维和条件反应模式中解放出来时,选择就开始了。在你达到这种阶段之前,你是无意识的。从灵性的角度来说,这意味着你被迫根据思维的制约模式去思考、去感觉、去采取行动。"宽恕他们吧,因为他们不知道他们所做的事。"这与智力没有关系。我遇到过许多高智商的和受过高等教育的人,他们完全没有意识,也就是说他们完全被他们的思维所控制。事实上,如果智力和知识的增长与相应的意识增长不协调,不幸和灾难的爆发潜力是

第十章
臣服的意义

> 由于受到过去思维的制约,大脑通常会努力再创造它所记得的和熟悉的东西。

巨大的。

你的朋友陷入一种受虐待的爱情关系之中,并且不是第一次了,为什么?因为没有选择。由于受到过去思维的制约,大脑通常会努力再创造它所记得的和熟悉的东西——即使那些让你痛苦,但是至少它们对你而言是熟悉的。大脑通常会附着于它记得的事情。不记得的事情是很危险的,因为大脑没法控制它。这就是大脑不喜欢和忽略当下时刻的原因。对当下时刻的觉知,在大脑和"过去—未来"的连续体中打开了一个裂口。除非通过这个裂口,否则没有任何新的、具有创造力的东西能进入这个世界。

所以,你的朋友被她的思维所控制,可能会重新创造一种从过去学来的模式。在这种模式中,亲密和虐待是密不可分的。另外,她可能根据孩童时期学来的模式采取行动,这个模式告诉她,她是没有价值并且应该受到惩罚的,也有可能是她大部分时间都通过痛苦之身在生活,而痛苦之身必须以痛苦为食。她的伴侣也有他自己的无意识的思维模式,这种模式正好和她的互补。当然,她的情况是自我创造的,但是创造这种情况的自我是谁呢?它就是来源于过

> 没有人会选择失常、痛苦、冲突。没有人会选择疯狂。这种情况的发生是因为你没有足够的意识来消除过去,没有足够的光亮来驱散黑暗。

去的心理—情绪模式。为什么它会创造一个自我呢?如果你告诉她,她已经选择了这种情况,你就是在加强她思维认同的力量。但是她的思维模式是她吗?是她的自我吗?她真正的身份是否来源于过去?请告诉你的朋友如何观察她思维和情绪背后的存在。告诉她有关痛苦之身和如何从中摆脱。教她内在身体觉察的艺术。向她示范临在的意义。只要她拥有当下的力量,她就会打破制约着她的过去,那她就会有一个选择。

没有人会选择失常、痛苦、冲突。没有人会选择疯狂。这种情况的发生是因为你没有足够的意识来消除过去,没有足够的光亮来驱散黑暗。你没有完全地保持临在,你还未完全觉醒。同时,受制约的思维仍然在控制着你的生活。

与此相似的是,如果你和多数人一样,与你的父母之间存在问题,如果你仍然怨恨你父母所做的或没做的事,那么你就会相信他们当时有个选择,他们可以采取不同的行动。人们看起来好像是有选择的,但这其实是一个错觉。只要你的思维及其受制约的模式控制着你的生活,你还会有什么选

第十章
臣服的意义

> 只有拥有当下的力量，也就是你自己的力量，你才能真正地宽恕。

择？没有。你甚至不在当下时刻。你思维认同的状态严重失常。这是一种病态的疯狂。几乎每一个人都遭受着这种疾病带来的痛苦，只是程度不一样罢了。当你认识到这一点时，你就不会有任何怨恨了。你怎么能去怨恨别人的疾病呢？唯一合适的反应就是慈悲。

所以，这就是说没有人应该为他们所做的事情负责？我不喜欢这个观点。

如果你被你的思维所控制，尽管你没有选择，你仍然会遭受着无意识带来的痛苦，并且你还会创造更多的痛苦。你将会忍受着恐惧、冲突、问题和痛苦带来的负担。这样，痛苦最终会迫使你脱离这种无意识的状态。

我认为，你说的选择对于宽恕也适用。在你宽恕之前，你需要变得完全有意识，并臣服。

两千年前人们就开始使用"宽恕"这个词，但是人们对它的理解却很有限。如果你的自我感觉源于过去，你就不会真正地宽恕自己和别人。只有拥有当下的力量，也就是你自己的力量，你才能真正地宽恕。这会使过去变得失去力量，并且你还会深刻地认识到你曾经做过的事，或别人对你做的事，连你的本质所散发出来的最微弱的光都无法伤及。这样宽恕的整个概念就变得没有必要了。

我应该如何达到这种认识程度呢？

当你向事实臣服时，你就会全面地进入当下时刻，并且过去将不再有任何力量。这样，你就不再需要任何过去了。临在是关键，当下时刻是关键。

我如何知道我什么时候已经臣服了呢？

当你不再需要问问题的时候。